机械基础实验教程

主编　王　妍
参编　李金宽　李国俊

机械工业出版社

本书是为高等学校机械类基础实验教学编写的实验教程，是在机械基础系列课程实验教学改革和实践的基础上编写而成的。全书共 5 章：第 1 章为概论，主要介绍机械基础实验课程在教学中的作用及其重要性、机械基础实验课程体系的基本思路及机械基础实验教学的发展趋势等内容；第 2 章介绍机械原理实验；第 3 章介绍机械设计实验；第 4 章介绍机械零件几何量的精密测量实验；第 5 章介绍机械创新实验。本书按实验自身系统编写，以引导学生掌握机械基础实验的基本原理、基本知识、基本技能及实验方法。

本书可作为机械类专业、近机类专业机械基础实验教材。

图书在版编目（CIP）数据

机械基础实验教程/王妍主编. —北京：机械工业出版社，2019.8
（2025.1 重印）
ISBN 978-7-111-62732-6

Ⅰ.①机…　Ⅱ.①王…　Ⅲ.①机械学-实验-高等学校-教材
Ⅳ.①TH11-33

中国版本图书馆 CIP 数据核字（2019）第 138371 号

机械工业出版社（北京市百万庄大街 22 号　邮政编码 100037）
策划编辑：王晓洁　　　　　责任编辑：王晓洁
责任校对：陈　越　刘志文　封面设计：陈　沛
责任印制：常天培
固安县铭成印刷有限公司印刷
2025 年 1 月第 1 版第 3 次印刷
184mm×260mm·9 印张·230 千字
标准书号：ISBN 978-7-111-62732-6
定价：29.80 元

电话服务　　　　　　　　　　网络服务
客服电话：010-88361066　　机　工　官　网：www.cmpbook.com
　　　　　010-88379833　　机　工　官　博：weibo.com/cmp1952
　　　　　010-68326294　　金　书　网：www.golden-book.com
封底无防伪标均为盗版　　机工教育服务网：www.cmpedu.com

前　言

　　实验教学是高等学校理工科教学的重要组成部分，它不仅是学生获取知识的重要途径，而且对培养学生的学风、素养、实际工作能力、科学研究能力以及创新能力都具有十分重要的作用。西华大学通过四川省高等学校机械类基础课实验教学示范中心的建设，形成了以机械原理、机械设计等基础实验方法自身系统为主线的实验教学体系。

　　在推进实验教学体系改革、保证教学质量的基础上，进一步提高高等学校基础课实验室的建设和管理水平，为高等学校培养高素质创新型人才创造条件，是西华大学机械基础实验教学中心长期以来研究的课题。为了配合机械原理、机械设计等系列课程的改革，编者尝试改变，把以前附属于相关课程的做法，结合新世纪高层次创新人才的培养要求，对实验进行系统的优化整合，并按学科体系安排实验教学，认真总结，不断完善，编写了本书。

　　王妍编写了本书的第 1、2、4 章并负责统稿，李金宽编写了第 3 章并负责全书图片及公式的处理，李国俊编写了第 5 章。

　　限于编者的学识水平与编写经验，加之时间仓促，书中难免存在缺点和错误之处，希望广大读者和同行批评指正。

编　者

目　录

第1章 概　　论

1.1　机械基础实验课程的意义、目的和特点

1.1.1　实验教学的意义

实验是尽可能地排除外界的影响，人为地变革、控制或模拟研究对象，使某些事物（或过程）发生或再现，从而认识自然现象、自然性质、自然规律。例如：光的本质是什么？从 17 世纪开始，科学家对此持有两种截然不同的观点。牛顿认为光是由粒子组成的，惠更斯则认为光是一种波。后来通过双缝实验证实这两种观点都正确，光的行为既可以视为粒子，也可以视为波，即波粒二象性。

实验教学是理工科教育的重要组成部分，是根据教学目标而组织的教学活动，是科学实验在教学过程中的典型重现，是提高学生素质、培养学生创新精神和实践能力所必需的。学生通过实验验证和深化理论知识，也要通过实验来培养实际工作能力、协助精神和民主讨论的科学作风。

古人云：纸上得来终觉浅，绝知此事要躬行。实验是自然科学的基础，是科学研究的重要方法，是一切科学创造的源泉。没有足够的实验研究经验，就不可能解决实际问题，也提不出什么实质性的理论。在各类高等学校的教学中，无论是培养研究型人才，还是培养应用型人才，实验教学都是最重要的环节之一。

1.1.2　实验教学的目的

1. 验证和深化理论知识

实验教学是对理论知识的物化，借助于实验室的设备、仪器等特定条件和适当的方法，对理论对象进行实做研究，呈现其固有的属性、规律；通过实验操作完成本质到现象、理论到实践的过程，促进学生完成从理论到实际的认知过程。

2. 培养实际工作能力、协作精神

实验教学的核心是加强学生的能力培养，目的是增强运用知识的能力，逐步培养学生具有科技工作者应具备的综合实验能力。实验教学通过将学生分成实验小组、初步完成实验设计，利用既有设备完成实验，既是加深学生对基本理论的记忆和理解的重要方式，又是帮助学生提高动手能力、扩大知识面的重要手段，更是使学生体会团体协作重要意义的途径。

3. 培养基本素质、养成民主讨论的科学作风

实验教学不仅培养学生的动手能力、分析问题与解决问题的能力，通过理论到现象、微观到宏观的实验过程逐渐影响学生的世界观、思维方法和工作作风，让学生逐步建立辩证唯物主义的观点，养成实事求是的严谨习惯。

1.1.3　实验教学的特点

1. 能够发挥人的主观能动性

在实验中，学生可以亲自接触实验设备，通过实验完成理论到实践的过程，可以体会在

课堂教学中用语言难以描述的各种现象，让学生主动进行思考，加深对理论知识的理解、记忆。

2. 有利于发现规律性并进行重复实验

在实验过程中，学生可以对实验设备进行重复性操作，通过反复操作对得出的实验结果进行观测统计，找到规律性的结论。

3. 可获得较高的效益

在实验过程中，学生要亲自动手安装、拆卸、操作和测试多种实验设备及机械装置，运用所学理论知识对所观察到的现象进行思考、分析，应用数学工具对所获得的数据进行处理。因此，它是一个综合应用知识的过程。

1.1.4　实验教学中应注意的几个问题

1. 培养学生学习的兴趣

通过实验教学能为学生营造出具体的现实景象，让学生感受到"百闻不如一见，百看不如一做"，提高学习兴趣。

2. 培养学生的操作能力

通过实验教学，要求学生掌握本专业常用科学仪器的基本原理和测试技术、技巧，熟悉本专业的基本实验方法和一般实验程序。

3. 提高学生创造性实验能力

结合现代制造业发展趋势，优化更新既有设备，实现初步人机结合，不断提高学生掌握应用计算机的能力，让学生突破性地完成实验教学。

1.2　机械基础实验的体系结构

1.2.1　机械基础实验课程的任务

机械基础系列课程包括机械原理、机械设计、机械制造技术基础、互换性与测量技术等。这些都是重要的技术基础课，是连接基础课与专业课的重要环节。这些课程都分别开设相应的实验，我们尝试把这些实验进行整合，建立较完善的机械基础实验教学体系。学生通过机械基础实验的学习和实践，可培养和提高自学能力、科学研究能力、分析思考能力和实际动手能力。

1.2.2　构建完善的机械基础实验教学体系

1. 建立实验教学体系的必要性

（1）毕业生应具有较强的实践能力　目前普遍存在大学毕业生理论基础知识较好，但动手能力较差，缺乏分析和解决实际问题的能力，缺乏创新精神，社会适应性较差等问题。因此，高等学校应该强化实验环节的教学，加强学生动手能力的培养，提高其解决实际生产问题的能力。

（2）实验教学是能力培养的重要环节　培养具有创新精神和实践能力的合格人才，实验教学有着特殊的重要作用。通过实验教学和科学实验，可以有效地加强技能训练，提高学生运用科学知识和方法探索创新的能力。

2. 建立实验教学体系的基本要求

（1）扩大综合性、设计性实验比例　为了提高学生分析问题和解决问题的能力，在设计实验项目时，应减少验证性实验，增加综合性、设计性实验。

（2）开设创新性实验　创新性实验是指通过实验获得新的发现与发明，获得新的技术与方法，探索未知领域且创造出具有一定社会价值的原创性实验。这类实验，有助于学生树立勇于探索的精神，有助于培养学生的创新思维和创新能力。

1.2.3　机械基础实验的分类

机械基础实验有多种分类方式：从教学内容来分，可分为机械原理和机械设计两大类实验；从教学性质来分，可分为演示（参观）性实验、验证性实验、综合性实验、设计性实验、研究性实验；从理论教学与实验教学的联系程度来分，可分为附属理论课的非独立实验和与理论课并列的独立实验。此外，其还可分为真实设备实验和虚拟设备实验、必修实验和选修实验、指定项目实验和自拟项目实验等。

不同类型实验的实验目的、方法、特点和适用范围各不相同。

（1）演示（参观、认知）类实验　由教师操作（或提供参观的机构模型、结构模型等），学生仔细观察，认真体会。主要用于加深学生的感性认识，增强对理论的理解。

（2）验证（基本技能训练）类实验　按照实验教材（或实验指导书）的要求，由学生操作验证课堂所学的理论，加深对基本理论、基本知识的理解，掌握基本的实验知识、实验方法、实验技能、实验数据处理方法，撰写规范的实验报告。

（3）综合类实验　可以是学科内一门或多门课程教学内容的综合，也可以是跨学科的综合。运用多方面知识、多种实验方法，按照要求（或自拟实验方案）进行实验，主要培养学生综合运用所学知识的能力和实验技能，提高分析和解决实际问题的能力。

（4）设计类实验　可以是实验方案的设计，也可以是机械系统的实际设计。根据实验任务的要求，学生独立拟订实验方案和步骤（或机械系统的设计），选择仪器设备，并进行实际操作，独立完成实验的全过程，同时形成完整的实验报告。主要培养学生的组织能力、团队精神和自主进行实验的能力。

（5）研究创新类实验　运用多学科知识，综合多学科内容，结合教师的科研项目，使学生初步掌握科学思维方式和科学研究方法，学会撰写科研报告（论文）和有关论证分析报告。学生在指导教师的指导下，从查资料开始，完成拟订设计方案、方案查新、方案评估、结构设计及样机制作等。主要培养学生的创新意识和创新能力。

1.3　机械基础实验教学的发展趋势

1.3.1　新设备、新工具和新技术在实验教学中的应用

在现代机械设计与制造中，大量地使用了各种先进的设备及技术。为了适应现代机械的要求，在各种实验中我们应该尽量使用现代化的工具、设备，尽量使用最新的技术，使学生熟悉各种现代化的工具、设备，了解和掌握更多的新技术，为以后的工作打下良好的基础。

1.3.2　信息技术在实验教学及管理中的应用

1. 虚拟实验是实验教学的重要组成部分

虚拟实验就是利用计算机辅助设计（CAD）和计算机辅助工程（CAE）的技术和功能，将虚拟样品和样机在计算机上进行运动仿真和理论分析。

基于网络的机械基础虚拟实验教学平台具有内容透明性、资源共享性、互动操作性、用户自主性、功能扩展性等特点。它是一个全方位的开放性实验平台，是对传统实验教学的补充和扩展，在一定程度上解决了教学、科研实验经费不足的问题，而且提供了更加灵活方便的交互实验环境，在教学及科研工作中具有广泛的应用前景。

2. 网络化有助于提高实验教学的管理效率和水平

高等学校都有比较完善的校园网络，依托校园网的现代信息技术在实验室管理工作中有着越来越多的应用，如实验设备管理、实验项目管理、网上实验选课（预约）、网上成绩发布等，把实验室工作人员从繁杂的基础工作中解放出来，使他们有更多的时间和精力进行创造性的工作。

第2章 机械原理实验

2.1 平面机构运动简图测绘实验

在设计新的机械或对现有机械进行分析研究时，需要画出能表明其组成情况和运动情况的机构运动简图。机构各部分的运动情况，是由其原动件的运动规律、该机构中各运动的类型和机构的运动尺寸来决定的，与构件的外形、断面尺寸、组成构件的零件数量及固联方式、运动副的具体结构无关。所以，只要根据机构的运动尺寸，按一定的比例定出各运动副的位置，就可以用运动副的代表符号和简单的线条把机构的运动情况表示出来。这种表示机构运动情况的简单图形，就是所谓的机构运动简图。

机构运动简图应与原机械具有完全相同的运动特性，它不仅可以简明地表明机构运动情况，而且还可以用于对机构进行运动及动力分析。有时，如果是为了表明机构的运动情况，不求出运动参数的数值，也可以不要求严格按比例来绘制简图，通常把这样的机构运动图称为机构的示意图。机构测绘实验提供给学生机器实物和机构模型，学生通过测绘实物，按比例画出该机构的运动简图，培养对机构的分析研究能力。

2.1.1 实验目的

1）熟悉并掌握机构运动简图测绘的原理和方法，即根据实际机器和机构的若干模型，学会测绘机构运动简图的方法。

2）分析机构自由度，理解机构自由度的概念，掌握机构自由度的计算方法。

3）加深对机构组成原理、机构结构分析的理解。

2.1.2 实验要求

1）初步掌握测绘机构运动简图的技能。

2）验证和巩固机构自由度的计算，并明确自由度数与原动件数的关系。

2.1.3 实验设备和工具

1）缝纫机机头或其他机构模型。

2）学生自备直尺、铅笔、橡皮、草稿纸等。

2.1.4 实验原理

1. 机构运动简图的定义

机构运动简图是一种实用、简练的工程语言，是研究机构运动学和动力学问题的一个重要工具。它是表示机器和机构传动原理及运动特征的简单图形。

机构运动简图的定义：按照常用构件和运动副简略符号（见表2-1~表2-3）的规定，用表示构件和运动副所规定的符号，按一定的比例绘制出的表示机构的结构和运动特征的简图。正确画出机构的运动简图，是机械工程技术人员必须掌握的基本技能，在机械工程领域有非常重要的作用。

2. 绘制原理

机构是由构件组成的，其各构件之间通过运动副连接并具有确定的相对运动关系。机构的结构和运动特征是由机构中各运动副的类型和相互位置关系决定的，仅与机构中所有构件的数量和运动副的数量、类型、相对位置（即表现运动的因素）有关，而与构件的外形、断面尺寸和运动副的具体构造等无关，因此绘图时应忽略机构中与运动无关的部分。机构运动简图应能正确表达出机构以什么构件组成和构件间以什么运动副相连接，即表达出机构的组成形式和设计方案，以构件和运动副组成的符号表示机构。

表 2-1　常用运动副的符号

运动副名称		运动副符号	
		两运动构件构成的运动副	两构件之一为固定时的运动副
平面运动副	转动副	(V级)	
	移动副	(V级)	(V级)
	平面高副	(IV级)	(IV级)
空间运动副	点接触与线接触高副	(I级)　(II级)	(I级)　(II级)
	圆柱副	(IV级)	(IV级)
	球面副及球销副	(III级)　(IV级)	(III级)　(IV级)
	螺旋副	(V级)	(V级)

表 2-2　常用机构运动简图符号

在支架上的电动机	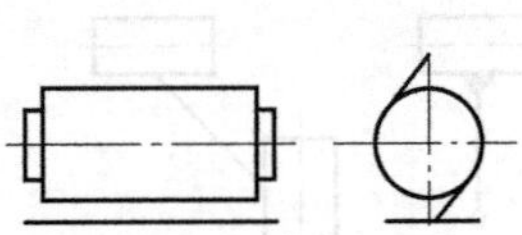	带传动	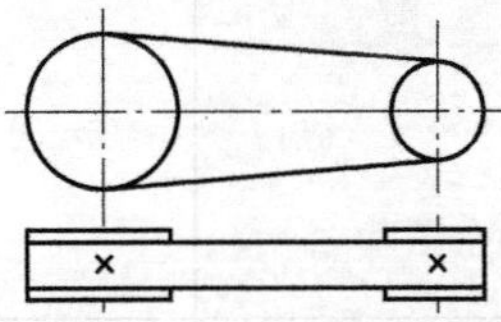
链传动	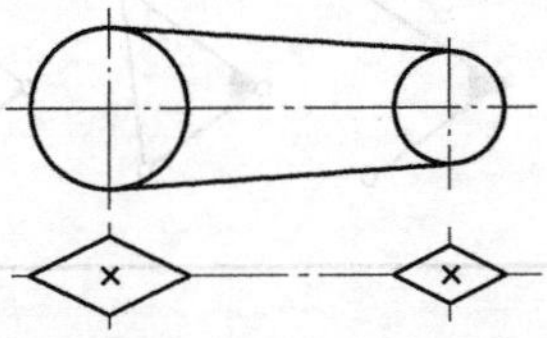	外啮合圆柱齿轮传动	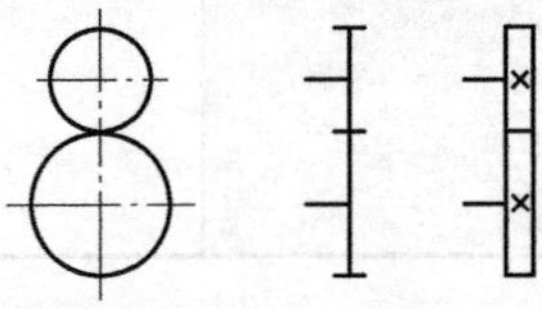
内啮合圆柱齿轮传动	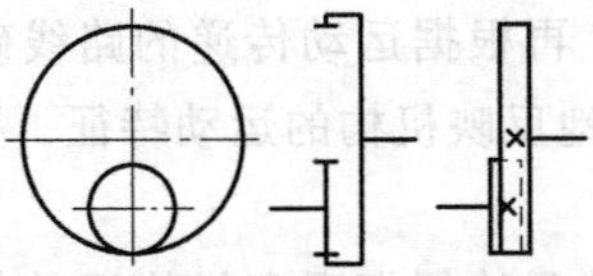	齿轮齿条传动	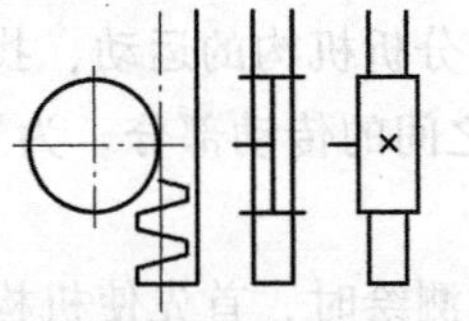
锥齿轮传动	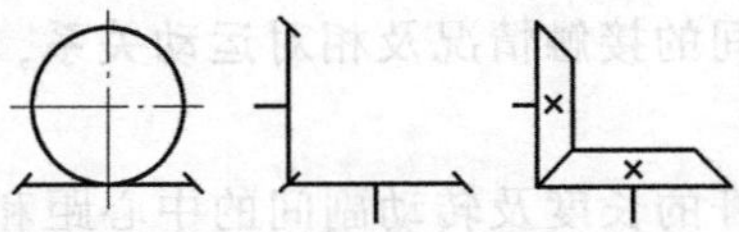	圆柱蜗杆传动	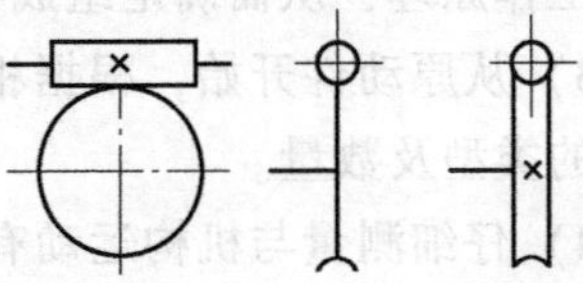
摩擦轮传动	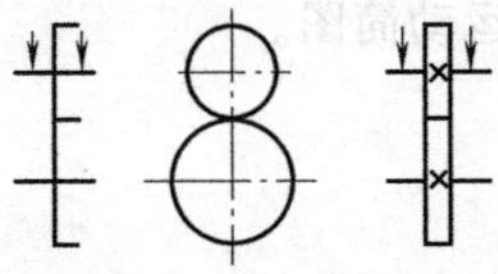	凸轮机构	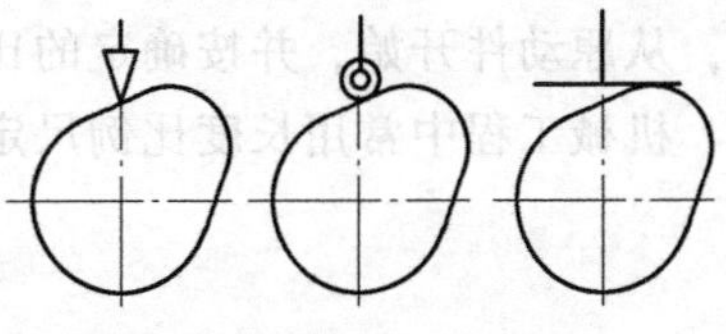
槽轮机构	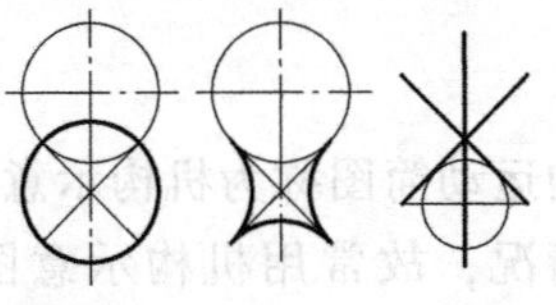 　外啮合　　内啮合	棘轮机构	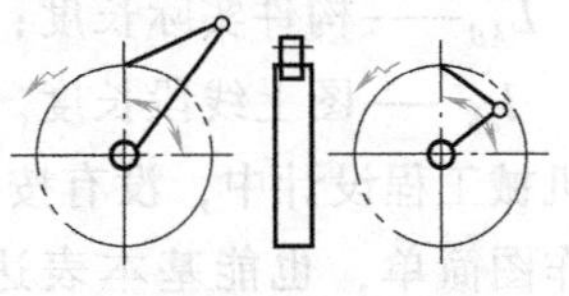 　外啮合　　内啮合

表 2-3　一般构件的表示方法

杆、轴类构件	
固定构件	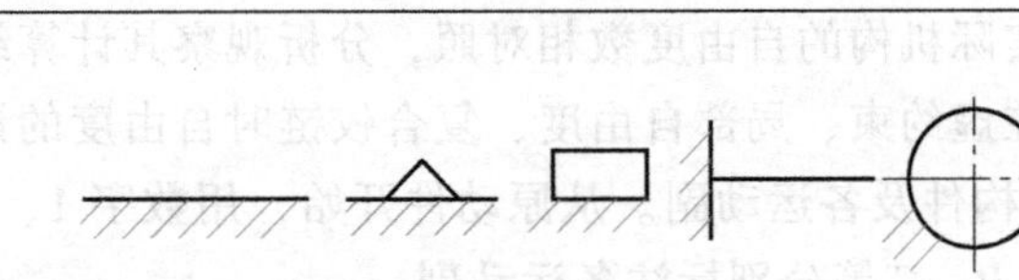
同一构件	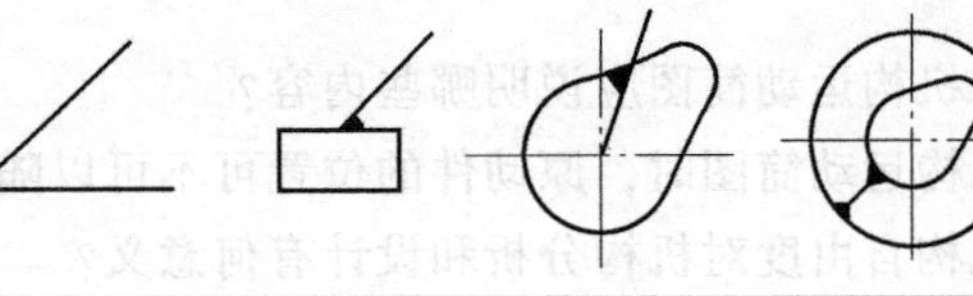

（续）

两副构件	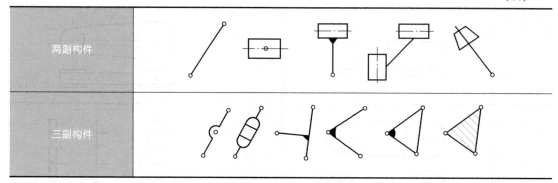
三副构件	

2.1.5 实验内容与步骤

1）分析机构的运动，找到原动件和工作部分，再根据运动传递的路线确定原动件和工作部分之间的传动部分。为了使机构运动简图正确地反映机构的运动特征，要正确选择测绘投影面。

2）测绘时，首先使机构缓慢地运动，从原动件开始仔细观察机构运动的传递路径，了解其工作原理，从而确定组成机构的构件数量。

3）从原动件开始，根据相互连接的两构件间的接触情况及相对运动关系，依此确定运动副的类型及数量。

4）仔细测量与机构运动有关的尺寸，如各杆的长度及转动副间的中心距和移动副导路的方向等，选定机构运动瞬时位置及原动件的位置，按构件和运动副的符号及构件的连接次序，从原动件开始，并按确定的比例逐步绘制出机构运动简图。

机械工程中常用长度比例尺定义为

$$\mu_L = \frac{L_{AB}}{l_{ab}} \tag{2-1}$$

式中　L_{AB}——构件实际长度；

　　　l_{ab}——图上线段长度。

机械工程设计中，没有按准确比例尺画出的机构运动简图称为机构示意图。由于机构示意图作图简单，也能基本表达机构的结构和运动情况，故常用机构示意图代替机构运动简图。

5）计算机构自由度数。根据式（2-2）计算机构自由度

$$F = 3n - 2P_L - P_H \tag{2-2}$$

式（2-2）中，活动构件数 n、低副数 P_L、高副数 P_H 都必须是整数。

将结果与实际机构的自由度数相对照，分析观察其计算结果是否与实际机构相符。特别注意机构中存在虚约束、局部自由度、复合铰链时自由度的计算。

6）标注各构件及各运动副。从原动件开始，用数字 1、2、3、…、N 分别标注各构件，用英文字母 A、B、C 等分别标注各运动副。

2.1.6 思考题

1）正确的机构运动简图应说明哪些内容？

2）绘制机构运动简图时，原动件的位置可不可以随意确定？为什么？

3）计算机构自由度对机构分析和设计有何意义？

2.2 平面运动机构创新设计实验

2.2.1 实验目的

1）加深对机构组成理论的认识，熟悉杆组概念，为机构创新设计奠定良好的基础。

2）利用若干不同的杆组，搭建各种不同的平面机构，以培养机构运动创新设计意识及综合设计的能力。

3）进行基于机构组成原理的搭建设计实验，基于创新设计原理的机构搭建设计实验，课程设计、毕业设计中的机构系统方案的搭建实验，课外活动（如机械设计大赛）中的机构方案搭建。

4）增强对机构的感性认识，培养工程实践及动手能力；了解设计实际机构时应注意的事项；完成从运动简图设计到实际结构设计的过渡。

5）培养创新意识及综合设计的能力，训练工程实践动手能力。

2.2.2 实验要求

1）要求初步掌握机构组成原理的搭建设计的技能。

2）进行基于创新设计原理的机构搭建设计。

2.2.3 实验装置

1. 平面运动机构创新设计实验平台零件及主要功用

（1）凸轮　从动件的位移曲线是升-回型，凸轮与从动件的高副形成依靠弹簧力的锁合。

（2）齿轮　模数为2mm，压力角为20°，有20齿、30齿、40齿、50齿的直齿轮。

（3）斜齿轮（蜗杆专用）　与蜗杆配套。

（4）齿条　模数为2mm，压力角为20°。

（5）蜗杆　与专用的斜齿轮配用，可将电动机轴的旋转方向转换正交90°的转动。

（6）齿轮配件　连接盘类零件与连杆，形成构件。

（7）偏心圆盘　提供偏心运动的位移曲线。

（8）过渡件　确定不同运动平面之间的距离，分为单层过渡件和双层过渡件。

（9）带键套筒　用于限定不同构件运动平面之间的距离，避免发生运动构件间的运动干涉，有15mm、30mm、45mm带键套筒。

（10）带键轴套筒　用于限定不同轴构件运动平面之间的距离，避免发生构件间的运动干涉，有5mm带键轴套筒、15mm带键轴套筒。

（11）滑块　用于构件之间形成移动副和转滑副，有纵向滑块和横向滑块。

（12）主动轴　动力输入用轴。轴上有平键槽，利用平键可与带轮联接，有单层主动轴、双层主动轴、三层主动轴。

（13）从动轴　主要起支撑及传递运动的作用，还可在盘类零件与连杆构成转动副时使用。与齿轮等盘类零件装配时，要求套上带键套筒，有单层从动轴、双层从动轴、三层从动轴、四层从动轴。

（14）连杆　除作为杆组使用外，还可作为支撑杆和滑块导向杆，连杆的尺寸有440mm、415mm、390mm、365mm、340mm、315mm、290mm、265mm、240mm、215mm、190mm、165mm、140mm、115mm、90mm、65mm、40mm。

（15）连杆连接件　主要用于两构件形成转动副。

（16）联轴器　连接减速电动机轴与蜗杆轴。

（17）固定件　将连杆连接成各种构件时使用的连接件，有 40mm 直头固定件、60mm 直头固定件、60mm 弯头固定件、78mm 直头固定件、78mm 三头固定件、十字固定件、任意角度固定件。

（18）固定板　用于支撑轴类零件，与实验台台架上的立柱配合使用。

（19）直线电动机配轴　与直线电动机齿条啮合的齿轮用轴，与直线电动机齿条啮合的齿轮配用，可将直线电动机齿条的往复摆动转换为轴的转动运动。

（20）垫圈　有 5mm、10mm、25mm 垫圈。

（21）螺钉　有 9mm 和 12mm 螺纹螺钉两种。

（22）带轮　电动机带轮为双联，可同时使用两根传动带分别为两个不同的构件输入主动运动。主动轴带轮和传动带张紧轮均为单联，分别与主动轴配用。有单联带轮、双联带轮、单联带轮配套套筒、双联带轮配套套筒。

（23）台架　平面运动机构创新方案搭建操作平台。

（24）立柱　安装在台架内，可沿 X 方向移动。

（25）主动轴专用螺钉　用来连接主动轴与连杆的专用固定螺钉。

（26）曲柄双连杆配件　一个偏心轮与一个活动圆环形成转动副，且已制作成一组合件。

（27）直线电动机（10mm/s）　直线电动机安装在实验台台架底部，并可沿台架底部的长槽移动电动机。直线电动机的齿条为机构的主动构件，输入直线往复运动或往复摆动运动。在实验中，实验者可根据主动滑块的位移量确定左右两个行程开关的相对间距。

（28）直线电动机控制器　本控制器采用 PLC 控制器，行程开关的开关量作为 PLC 的输入信号，使用安全。实验者可自行编制控制程序对机构中的主动构件，如气压元件、电动机等进行复杂控制方案的设计和实施。

（29）旋转电动机（10r/min）　旋转电动机安装在实验台台架底部，并可沿台架底部的长形槽移动电动机（一般情况下电动机放置在台架的后侧，也可根据需要放置在台架的前侧）。电动机上连有 0~220V、50Hz 的电源线及插头，近线上串联电源开关。

（30）气压元件　包括：空压机、三联件、减压阀、节流阀、换向阀、气缸（带磁性开关）等。气缸运动的控制可由 PLC 控制器来完成。

（31）其他　如垫片、螺母等。

2. 工具

内六角扳手、六角扳手、6in（1in=25.4mm）或 8in 活扳手、螺钉旋具、尖嘴钳。

2.2.4　实验原理

1. 平面机构的组成原理

任何机构都是由台架、原动件和从动件系统，通过运动副连接而成的。机构的自由度数应等于原动件数，因此封闭环机构从动件系统的自由度必等于零。而整个从动件系统又往往可以分解为若干个不可再分的、自由度为零的构件组，称为组成机构的基本杆组，简称杆组。

根据三族平面机构的结构公式，基本杆组应满足的条件为

$$F = 3n - 2P_L - P_H = 0 \tag{2-3}$$

式（2-3）中，活动构件数 n，低副数 P_L，高副数 P_H 都必须是整数，由此可以获得各种类型的杆组。

1）当 $n=1$，$P_L=1$，$P_H=1$ 时，即可获得单构件高副杆组，常见的如图 2-1 所示。

2) 当 $P_H = 0$ 时，称之为低副杆组，即 $F = 3n - 2P_L = 0$。

因此满足上式的构件数和运动副数的组合为：
$n = 2，4，6……，P_L = 3，6，9……$

最简单的杆组为 $n = 2，P_L = 3$，称为Ⅱ级组。根据杆组中转动副和移动副的配置不同，Ⅱ级杆组的五种形式如图 2-2 所示。

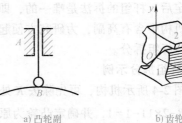

a) 凸轮副   b) 齿轮副

图 2-1　单构件高副杆组

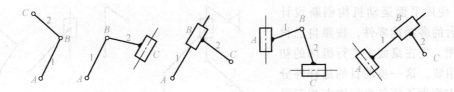

图 2-2　平面低副Ⅱ级杆组

当 $n = 4，P_L = 6$ 时，杆组称为Ⅲ级杆组，其形式较多，常见的Ⅲ级杆组如图 2-3 所示。

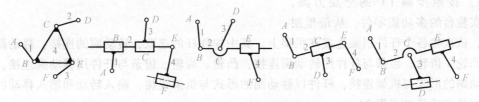

图 2-3　平面低副Ⅲ级杆组

根据以上所述，可将机构的组成原理概述为：任何平面机构均可以用零自由度的杆组依次连接到原动件和台架上的方法来组成。因此，上述机构的组成原理是机构创新设计拼接的基本原理。

2. 平面机构的结构分析

机构的结构分析就是将已知机构分解为原动件、机架、杆组，并确定机构的级别。

正确拆分杆组的三个步骤：

1) 先去掉机构中的局部自由度和虚约束，有时还要将高副加以低代，正确计算机构的自由度，确定原动件。

2) 从远离原动件的一端（即执行构件）开始拆杆组。先试拆分Ⅱ级杆组，若拆不出Ⅱ级组，再试拆Ⅲ级组，即由最低级别杆组向高一级杆组依次拆分，最后剩下原动件和台架。

正确拆杆组的判定标准是：拆去一个杆组或一系列杆组后，剩余的必须仍为一个完整的机构或若干个与台架相连的原动件，不许有不成杆组的零散构件或运动副存在，否则这个杆组拆得不对。每当拆出一个杆组后，再对剩余机构拆组，直到剩下与台架相连的原动件为止。

3) 确定机构的级别（由拆分出的最高级别杆组而定，如最高杆组级别为Ⅱ级组时，此时机构为Ⅱ级机构）。

注意：对于同一机构，所取的原动件不同，有可能成为不同级别的机构。但当机构的原动件确定后，杆组的拆法是唯一的，即该机构的级别一定。

若机构中含有高副，为研究方便起见，可根据一定条件将机构的高副以低副来代替，然后再进行杆组拆分。

3. 杆组拆分示例

如图 2-4 所示机构，可先除去 K 处的局部自由度，然后计算机构的自由度 $F = 3n - 2P_L - P_H = 3 \times 8 - 2 \times 11 - 1 = 1$，并确定凸轮为原动件，最后根据步骤 2）的拆分原则，先拆分出由构件 4 和 5 组成的 Ⅱ 级组，再拆分出由构件 3 和 2、构件 6 和 7 组成的两个 Ⅱ 级组以及由构件 8 组成的单构件高副杆组，最后剩下原动件 1 和台架 9。

2.2.5　实验步骤

1）使用平面运动机构创新设计实验平台的多功能零件，按照自己设计的草图，先在桌面上进行机构的初步实验组装。这一步的目的是杆件分层，一方面为了使各个杆件在相互平行的平面内运动，另一方面为了避免各个杆件、各个运动副之间发生运动干涉。

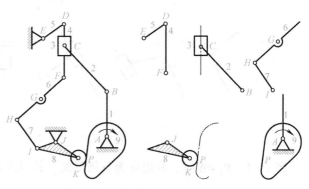

图 2-4　杆组拆分示例（锯木机机构）

2）按照步骤 1）的分层方案，使用实验台的多功能零件，从最里层开始，依次将各个杆件组装连接在机架上。其中构件杆的选取，转动副的连接，移动副的连接，凸轮、齿轮、齿条与杆件用转动副连接，凸轮、齿轮、齿条与杆件用移动副连接，杆件以转动副的形式与机架连接，杆件以移动副的形式与机架连接，输入转动和输入移动的原动件的组装方式详见步骤 3）。

3）根据输入运动的形式选择原动件。若输入运动为转动（工程实际中以柴油机、电动机等为动力的情况），则选用双轴承式主动定链轴或杆为原动件，并使用电动机通过柔性联轴器进行驱动；若输入运动为移动（工程实际中以液压缸、气缸等为动力），可选用直线电动机驱动。

4）试用手动方式摇动或推动原动件，观察整个机构各个杆、副的运动，全都畅通无阻后，安装电动机，用柔性联轴器将电动机与机构相连。

5）最后检查无误后，打开电源试机。

6）通过动态观察机构系统的运动，对机构系统的工作到位情况、运动学及动力学特性做出定性的分析和评价。一般包括以下几个方面：

① 各个杆、副是否发生干涉。

② 有无"憋劲"现象。

③ 输入转动的原动件是否为曲柄。

④ 输出杆件是否具有急回特性。

⑤ 机构的运动是否连续。

⑥ 最小传动角（或最大压力角）是否超过其许用值，是否在非工作行程中；机构运动过程中是否产生刚性或柔性冲击。

⑦ 机构是否灵活、可靠地按照设计要求运动到位。

⑧ 自由度大于 1 的机构，其几个原动件能否使整个机构的各个局部实现良好的协调

动作。

⑨ 控制元件的使用及安装是否合理，是否按预定的要求正常工作。

7）若观察机构系统运动发生问题，则必须按上述步骤进行组装调整，直至该模型机构灵活、可靠地完全按照设计要求运动。

8）用实验方法自行确定了设计方案和参数后，再测绘自己组装的模型，换算出实际尺寸，记录实验结果，包括按比例绘制正规的机构运动简图，标注全部参数，计算自由度，划分杆组，兼述步骤6）所列各项评价情况，指出自己的创新之处、不足之处，并简述改进的设想。

9）拆卸各零件部件，擦净后放入零件陈列柜中，并进行登记。将工具擦拭干净放回原处。

2.2.6 运动副拼装及机构运动方案

根据拟订或由实验中获得的机构运动学尺寸，利用平面运动机构创新设计实验平台提供的零件，按机构运动的传递顺序进行搭建。搭建时，首先要分清机构中各构件所占据的运动平面，其目的是避免各运动构件发生运动干涉。然后，以实验台台架铅垂面为起始参考面，按预定计划进行搭建。搭建中应注意各构件的运动平面是相互平行的，所搭建机构的延伸运动层面数越少，机构运动越平稳。为此，建议机构中各构件的运动层面用交错层的排列方式搭建。

1. 实验台台架

图 2-5 所示实验台台架中有 5 根铅垂立柱，它们可沿 X 方向移动。移动时请用双手扶稳立柱并尽可能使立柱在移动过程中保持铅垂状态，这样便可以轻松推动立柱。立柱移动到预定的位置后，将立柱上、下两端的螺栓锁紧（安全注意事项：不允许将立柱上、下两端的螺栓卸下，在移动立柱前只需将螺栓拧松即可）。立柱上的滑块可沿 Y 方向移动。将滑块移动到预定的位置后，用螺栓将滑块紧定在立柱上。按上述方法即可在 X、Y 平面内确定活动构件相对台架的连接位置。实验者所面对的台架铅垂面称为搭建起始参考面或操作面。

2. 轴相对台架的搭建

主（从）动轴的螺纹轴颈可以旋入固定板中部的一个螺纹孔内，旋紧后即与台架形成转动副，如图 2-6 所示。该轴主要用于与其他构件形成转动副，也可将连杆或盘类零件等固定在轴颈上，使之成为一个构件。

3. 过渡件相对台架的搭建

过渡件螺纹轴颈可以旋入固定板四个角上的螺纹孔内，与台架固定。该过渡件主要是作为支架，将其他构件固定在台架上，如图 2-7 所示。

 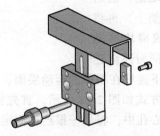 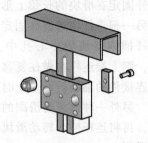

图 2-5　实验台台架　　　　图 2-6　轴相对台架的搭建　　　图 2-7　过渡件相对台架的搭建

4. 转动副的搭建

若两连杆间形成转动副，可按图 2-8 所示方式搭建。将连杆连接件的扁平轴颈插入连杆的圆孔内，再用螺母旋紧固定。另一根连杆被螺栓固定在连杆连接件的另一侧轴颈处，形成一个转动构件。这样，两根连杆就可相对连杆连接件转动。

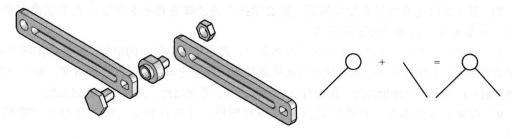

图 2-8　转动副搭建图

提示：实验中可能有跨层面搭建构件的需要，此时可在连杆连接件与连杆之间叠加过渡件。

5. 移动副的搭建

如图 2-9 所示，将连杆插入滑块的中心孔中，滑块与连杆即形成移动副。

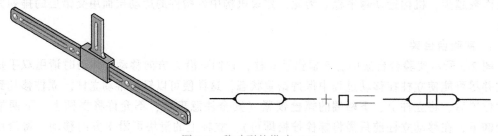

图 2-9　移动副的搭建（1）

另外一种形成移动副的搭建方式如图 2-10 所示。首先将一根连杆用过渡件固定在台架上，再将连杆插入两只滑块的中心孔中，形成双滑块移动副，然后将另一根连杆用连杆连接件固定在滑块的长颈上，则上端连杆在下端连杆和滑块的支撑下相对台架做往复移动。

提示：根据实际搭建的需要，若选用三头固定件代替连杆连接件，此时上下连杆在同一运动层面。

6. 转滑副的搭建

如图 2-11 所示，将一根连杆用连杆连接件固定在滑块的长颈上形成转动副，然后将另一根连杆用过渡件固定在台架上，再将连杆插入滑块的中心孔中，形成滑块移动副，则上端连杆在做往复移动的同时还绕连杆连接件的轴心转动。此时，上下连杆在相邻的运动层面。

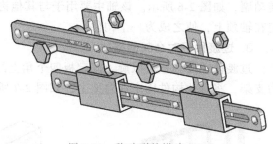

图 2-10　移动副的搭建（2）

另外一种形成转滑副的搭建方式如图 2-12 所示。首先将一根连杆用过渡件固定在台架上，再将连杆插入转动滑块的中心孔中，将另一根连杆固定在转动滑块的扁平轴上，即形成转滑副。

提示：采用本方法搭建的两根连杆不在同一运动层面上。

7. 齿轮与轴的搭建

如图 2-13 所示，将齿轮装入主动轴或从动轴时，应紧靠轴（或运动构件层面限位套筒）

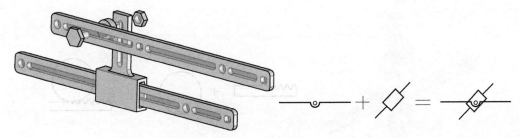

图 2-11　转滑副的搭建（1）

的根部，以防止造成构件的运动层面距离的累积误差。按图 2-13 所示连接好后，用垫圈和紧定螺钉将齿轮固定在轴上（注意：螺钉应压紧在轴的平面上）。这样，齿轮与轴形成一个构件。

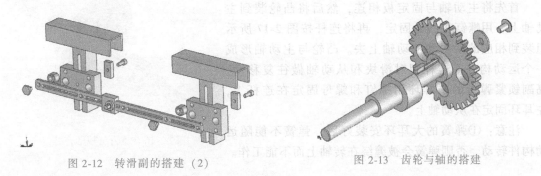

图 2-12　转滑副的搭建（2）　　　　　　　　　　图 2-13　齿轮与轴的搭建

8. 连杆和齿轮同时与轴形成转动副的搭建

如图 2-14 所示，连杆、齿轮配件与齿轮之间相对固定，形成一个构件。构件与主动轴形成转动副。根据所选用主动轴的轴颈长度不同，决定是否需用运动构件限位套筒。

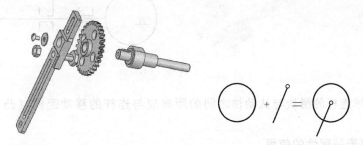

图 2-14　齿轮与连杆同时与轴形成转动副的搭建

若需要使用双联齿轮，则可选用轴颈较长的主动轴，与连杆、齿轮配件相对固定，形成一个构件，构件再与主动轴形成转动副。若双联齿轮不在相邻层面，可在主动轴上加装一个运动构件层面限位套筒。

9. 齿条与齿轮的搭建

如图 2-15 所示，当齿轮相对齿条啮合时，需先将滑块和齿条按图示方法进行组装，然后再将齿轮与齿条进行啮合搭建。

10. 凸轮与轴的搭建

按图 2-16 所示搭建好后，凸轮与主动轴成为一个构件。凸轮应紧靠主动轴（或运动构件层面限位套筒）的根部，以防止造成构件在运动层面距离的累积误差。按图 2-16 所示组

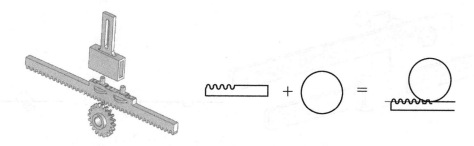

图 2-15　滑块与齿条、齿条与齿轮的搭建

装好后，用垫圈和紧定螺钉将凸轮固定在轴上（注意：螺钉应压紧在轴的平面上）。

11. 凸轮高副的搭建

首先将主动轴与固定板相连，然后将凸轮装到主动轴上，用螺钉将凸轮固定，再将连杆按图 2-17 所示组装到相应的滑块和从动轴上去。凸轮与主动轴形成一个运动构件，连杆相对滑块和从动轴做往复移动。高副锁紧弹簧的右耳环用螺钉和螺母固定在连杆上，左耳环固定在从动轴上。

注意：①弹簧的大耳环安装好后，弹簧不能随运动构件转动，否则弹簧会被缠绕在转轴上而不能工作。

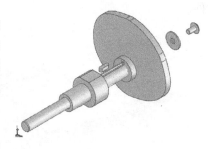

图 2-16　凸轮与轴的搭建

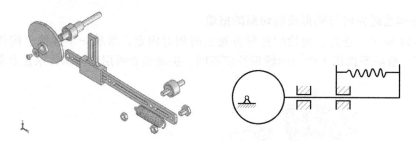

图 2-17　凸轮高副的搭建

② 用于支撑连杆的滑块与从动轴之间的距离应与连杆的移动距离（凸轮的最大升程）相匹配。

12. 曲柄双连杆配件的使用

曲柄双连杆配件由一个偏心轮和一个活动圆环组合而成，如图 2-18 所示。在搭建类似

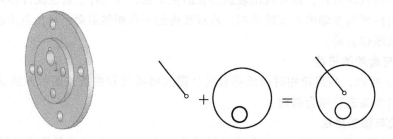

图 2-18　曲柄双连杆配件的使用

蒸汽机机构运动方案时，需要用到曲柄双连杆部件，否则构件的运动会产生干涉。参看图 2-19 所示的蒸汽机机构，活动圆环相当于 *ED* 杆，活动圆环的几何中心相当于转动副中心 *D*，偏心轮孔心相当于转动副中心 *A*。欲将一根连杆与偏心轮形成同一构件，可将该连杆与偏心轮固定在同一根主动轴上，此时该连杆相当于机构运动简图中的 *AB* 杆。

13. 过渡件与连杆的搭建

如图 2-20 所示，在完成过渡件相对台架搭建的基础上，将连杆放入过渡件的另一侧扁平轴颈上，再用螺钉将连杆紧固。

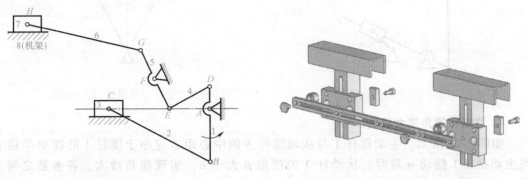

图 2-19 蒸汽机机构　　　　　　　　图 2-20 过渡件与连杆的搭建

2.2.7 典型方案拼装示例

下列各种机构均选自工程实践，要求任选一个机构运动方案，根据机构运动简图初步拟订机构运动学尺寸后（机构运动学尺寸也可由实验法求得），再进行机构杆组的拆分，完成机构搭建设计实验。

在完成上述实验的基础上，实验者可利用不同的杆组进行平面运动机构的创新设计和实施。

1. 蒸汽机机构

如图 2-19 所示，1-2-3-8 组成曲柄滑块机构，8-1-4-5 组成曲柄摇杆机构，5-6-7-8 组成摇杆滑块机构。曲柄摇杆机构与摇杆滑块机构串联组合。滑块 3、7 做往复运动并有急回特性。适当选取机构运动学尺寸，可使两滑块之间的相对运动满足协调配合的工作要求。

应用举例：蒸汽机的活塞运动及阀门启闭机构。

2. 自动车床送料机构

如图 2-21 所示，由平底直动从动件盘状凸轮机构与连杆机构组成。当凸轮转动时，推动杆 2 往复移动，通过连杆 3 与摆杆 4 及滑块 5 带动从动件 6（推料杆）做周期性往复直线运动。一般凸轮为主动件，能够实现较复杂的运动规律。

应用举例：自动车床送料及进刀机构。

3. 六杆机构

如图 2-22 所示，由曲柄摇杆机构 6-1-2-3 与摆动导杆机构 3-4-5-6 组成六杆机构。曲柄 1 为主动件，摆杆 5 为从动件。当曲柄 1 连续转动时，通过杆 2 使摆杆 3 做一定角度的摆动，再通过导杆机构使摆杆 5 的摆角增大。

应用举例：缝纫机摆梭机构。

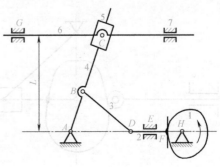

图 2-21 自动车床送料机构

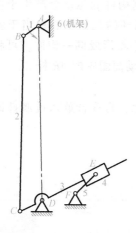

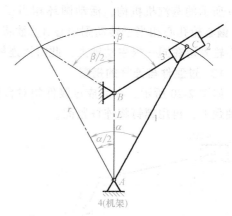

图 2-22　六杆机构

图 2-23　双摆杆摆角放大机构

4. 双摆杆摆角放大机构

如图 2-23 所示，主动摆杆 1 与从动摆杆 3 的中心距 L 应小于摆杆 1 的摆动半径 r。当主动摆杆 1 摆动 α 角时，从动杆 3 的摆角 β 大于 α，实现摆角增大。各参数之间关系为

$$\beta = 2\arctan \frac{\dfrac{r}{L}\tan \dfrac{\alpha}{2}}{\dfrac{r}{L}-\sec \dfrac{\alpha}{2}}$$

5. 转动导杆与凸轮放大升程机构

如图 2-24 所示，曲柄 1 为主动件，凸轮 3 和导杆 2 固联。当曲柄 1 从图示位置顺时针转过 90°时，导杆和凸轮一起转过去 180°。图 2-24 所示的机构常用于凸轮升程较大，而升程角受到某些限制不能太大的情况。该机构制造安全简单，工作性能可靠。

6. 起重机机构

如图 2-25 所示，双摇杆机构 $ABCD$ 的各构件长度满足条件：台架 $AD = 0.64AB$，摇杆 $CD = 1.18AB$，连杆 $BC = 0.27AB$，E 点为连杆 BC 延长线上的点，且 $CE = 0.83AB$。AB 为主动摇杆。当主动摇杆 AB 绕 A 点摆动时，E 点轨迹为图中点画线，E 点轨迹中有一段为近似直线。

应用举例：固定式港口用起重机，E 点处安装吊钩，利用 E 点的轨迹中近似直线段吊装货物，能符合吊装设备的平稳性要求。

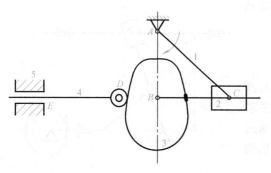

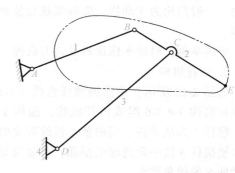

图 2-24　转动导杆与凸轮放大升程机构

图 2-25　铰链四杆机构图

7. 冲压送料机构

如图 2-26 所示，冲压机构是在导杆机构的基础上，串联一个摇杆滑块机构组合而成的。
1-2-3-4-5 组成导杆摇杆滑块冲压机构，由 1-6-7-8-9 组成
齿轮凸轮送料机构。导杆机构按给定的行程速度变化系
数设计，它和摇杆滑块机构组合可达到工作段近于匀速
的要求。适当选择导路位置，可使工作段压力角 α 较
小。在工程设计中，按机构运动循环图确定凸轮工作角
和从动件运动规律，则机构可在预定时间将工件送至待
加工位置。

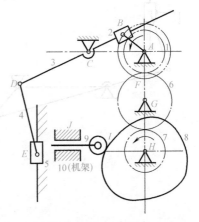

图 2-26 冲压送料机构

8. 铸锭送料机构

如图 2-27 所示的铸锭送料机构，滑块为主动件，主
机构是双摇杆机构 3-4-5-8，该机构利用连杆的特殊构形
的位置与姿态，将加热炉中出料后的铸锭（工件）运送
到下一个工位上。其中，构件 1、2 构成了液动机构，
即在工程实际中主动滑块 1 为液压活塞，通过连杆 2 驱
动双摇杆机构。这种机构利用连杆导引运动特性构成了一种巧妙的出料机构。图 2-27 中粗
线位置为铸锭进入装料器 4 中，装料器 4 即为双摇杆机构 3-4-5-8 中的连杆 BC，当机构运动
到虚线位置时，装料器 4 翻转 180°把铸锭放到下一工序的位置。主动滑块的位移量应控制
在避免出现该机构运动死点（摇杆与连杆共线时）的范围内。

应用举例：加热炉出料设备、加工机械的上料设备等。

9. 插床的插削机构

如图 2-28 所示，在
ABC 摆动导杆机构的摆杆
BC 反向延长线的 D 点加上
由连杆 4 和滑块 5 组成的二
级杆组，成为六杆机构。
在滑块 5 固接插刀，该机构
可作为插床的插削机构。
主动曲柄 AB 匀速转动，滑

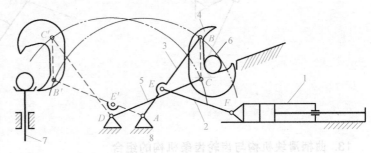

图 2-27 铸锭送料机构

块 5 在垂直 AC 的导轨上往
复移动，具有急回特性。改变 ED 连杆的长度，滑块 5 可获得不同的运动规律。

10. 插齿机主传动机构

图 2-29 所示为多杆机构，可使它既具有空回行程的急回特性，又具有工作行程的等时性。

应用举例：插齿机的主传动机构。该机构是一个六杆机构，利用此六杆机构可使插刀在
工作行程中得到近于等速的运动。

11. 刨床导杆机构

图 2-30 所示为刨床导杆机构，电动机经传动带、齿轮传动使曲柄 1 绕轴 A 回转，再经
滑块 2、导杆 3、连杆 4 带动装有刨刀的滑枕 5 沿机架 6 的导轨槽做往复直线运动，从而完
成刨削工作。显然，导杆 3 为三副构件，其余为二副构件。

12. 曲柄增力机构

如图 2-31 所示，当 BC 杆受力为 F 时，则滑块产生的压力 P 为

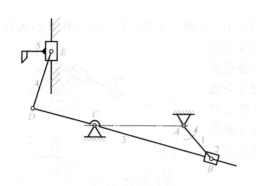

图 2-28 插床的插削机构

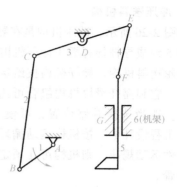

图 2-29 插齿机主传动机构

$$P = \frac{FL\cos\alpha}{S}$$

由上式可知，减小 α 和 S 与增大 L，均能增大增力倍数。因此设计时，可根据需要的增力倍数决定 α、S 与 L，即确定滑块的加力位置，再根据加力位置确定 A 点位置和有关的构件长度。

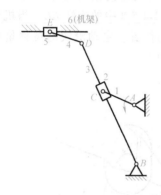

图 2-30 刨床导杆机构

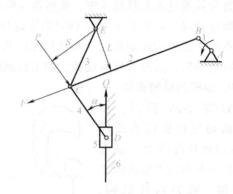

图 2-31 曲柄增力机构

13. 曲柄滑块机构与齿轮齿条机构的组合

图 2-32 所示为齿轮齿条行程倍增传动，由固定齿条 3、移动齿条 2 和动轴齿轮 1 组成。传动原理：当主动件动轴齿轮 1 的轴线向右移动时，通过动轴齿轮 1 与固定齿条 3 啮合，使动轴齿轮 1 在向右移动的同时，又做顺时针方向转动。因此，动轴齿轮 1 做转动和移动的复合运动。与此同时，通过动轴齿轮 1 与移动齿条 2 啮合，带动移动齿条 2 向右移动。设动轴齿轮 1 的行程为 S_1，移动齿条 2 的行程为 S，则有 $S = 2S_1$。

图 2-33 所示机构由齿轮齿条倍增传动机构与对心曲柄滑块机构串联而成，用来实现大行程 S。如果应用对心曲柄滑块机构实现行程放大，以要求保持机构受力状态良好，即传动压力角较小，可应用行程分解变换原理，将给定的曲柄滑块机构的大行程 S 分解成两部分，即 $S = S_1 + S_2$，按行程 S_1 设计对主曲柄滑块机构，按行程 S_2 设计附加机构，使机构的总行程为 $S = S_1 + S_2$。工作特点：此组合机构最重要的特点是上齿条的行程比齿轮 3 的铰接中心点 C 的行程大。此外，上齿条做往复直线运动且具有急回特性。当主动件曲柄 1 转动时，齿轮 3 沿固定齿条 5 往复滚动，同时带动齿条 4 做往复移动，齿条 4 的行程 $S = S_1 + S_2$。

应用举例：平台印刷机送纸机构。

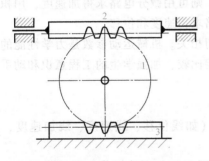

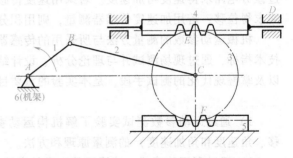

图 2-32　齿轮齿条行程倍增传动　　　　　图 2-33　曲柄滑块机构与齿轮齿条机构的组合

14. 曲柄摇杆机构

图 2-34 所示为曲柄摇杆机构。机构尺寸满足 $BC = CD = CE = 2.5AB$，$AD = 2AB$ 的条件时，曲柄 1 绕 A 点沿着 a-d-b 转动半周，连杆 2 上 E 点轨迹为近似直线 a_1-d_1-b_1。

应用举例：利用连杆上 E 点运动轨迹的近似直线段，可应用于搬运货物的输送机及电影放映机的抓片机构等。

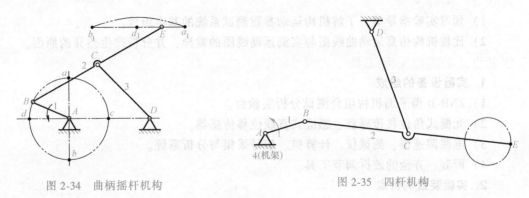

图 2-34　曲柄摇杆机构　　　　　　　　　　　图 2-35　四杆机构

15. 四杆机构

图 2-35 所示为四杆机构。当机构尺寸满足 $CD = BC = CE$，$AB = 0.136CD$，$AD = 1.41CD$ 时，构件 1 绕 A 点顺时针方向转动，构件 2 上 E 点以逆时针方向转动，其轨迹为近似圆形。

应用举例：利用近似圆轨迹的搅拌机的机构。

2.2.8　思考题

通过观察机构系统的运动，对机构系统的运动学及动力学特性做出定性的分析：

1）平面机构中是否存在曲柄。

2）输出件是否具有急回特性。

3）机构的运动是否连续，试分析影响其连续运动的原因。

4）最小转动角（或最大压力角）是否在非工作行程中。

5）机构运动过程中是否具有刚性冲击和柔性冲击。

2.3　平面机构运动参数测试与分析实验

机械中运动构件的位移（s）、速度（v）及加速度（a）（统称为机械运动参数）等指标是机械设计过程中的重要参数，它们与机构尺寸、原动件的运动规律有关。通过对实际机械运动参数的测量，可以更好地了解力学性能。在测量过程中，若采用位移传感器，则可通过微分电路求得速度与加速度。若采用速度传感器，则可用微分电路求得加速度，用积分电路求得位移；若用加速度传感器测量，则用积分电路求得速度和位移。

机械运动参数的测量方法与所采用的传感器密切相关。机械运动参数是力学性能的重要技术指标，通过现场测试并与理论分析、设计结果相比较，加强学生的工程意识和动手能力以及掌握现代化的测试手段，是本实验的重要目的。

2.3.1 实验目的

1）通过运动参数测试实验了解机构运动参数（如线位移、线速度、线加速度、角位移、角速度和角加速度）的测量原理和方法。

2）通过利用传感器、计算机等先进的实验技术手段进行实验操作，训练掌握现代化的实验测试手段和方法，增强工程实践能力。

3）掌握保持原动件运动规律不变，改变机构各构件尺寸时，从动件运动参数的测量方法。

4）通过进行实验结果与理论数据的比较，分析误差产生的原因，定量了解机构的运动特性，增强工程意识，树立正确的设计理念。

2.3.2 实验要求

1）预习实验指导书，了解机构运动参数测试系统的基本组成。

2）比较机构仿真运动曲线图与实测运动线图的差异，并分析产生差异的原因。

2.3.3 实验设备和工具

1. 实验设备的组成

1）ZNH-B 型平面机构组合测试分析实验台。

2）光栅式角位移传感器、感应式直线位移传感器。

3）电源调速器、测试仪、计算机、信号采集与分析系统。

4）配套、齐全的装拆调节工具。

2. 实验装置的特点

该实验以培养学生的综合设计能力、创新设计能力和工程实践能力为目标，打破了传统的演示性、验证性、单一性实验的模式，建立了新型的设计型、搭接型、综合性的实验模式。本实验提供多种搭接设备，学生可根据功能要求，自己进行方案设计，完成典型运动机构的简单拼装，及机构主动件和执行机构的运动测试和分析。该实验形象直观，设备安装调整简便，并可随时改进设计方案，从而培养学生的创造性和正确的设计理念。

3. 实验数据采集系统软件说明

该软件的内容与实验台和机构相对应，主要包括机构运动演示、机构设计模拟、机构运动曲线仿真、机构构件运动点的轨迹模拟、机构主要构件运动实测及曲线显示等内容。

（1）主界面　如图 2-36 所示。

1）主控栏（图 2-37）。

2）数据显示栏（图 2-38）。

3）曲线显示栏（图 2-39）。

（2）程序的主要功能按钮　程序的功能主要由【开始】、【停止】、【机构演

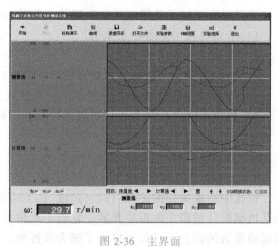

图 2-36　主界面

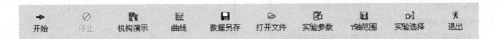

图 2-37　主控栏

图 2-38　数据显示栏

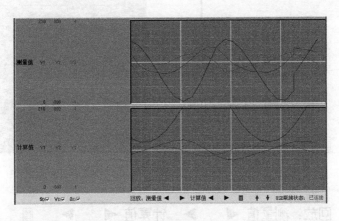

图 2-39　曲线显示栏

示】、【曲线】、【数据另存】、【打开文件】、【实验参数】、【Y 轴范围】、【实验选择】及【退出】十个按钮完成，所以称为主要功能按钮。

1）【开始】按钮用于启动数据采样，这时程序开始从仪器采集数据，并自动分析计算，将结果绘制成实时曲线，在曲线显示栏中显示出来。

2）【停止】按钮用于让程序停止数据采样，以便执行其他功能。

3）【曲线】按钮用于预览分析并打印当前实时曲线。

4）【数据另存】和【打开文件】按钮分别用于保存当前数据及打开以前存储的数据文件。

5）【实验选择】按钮用于选择当前要进行的实验（图 2-40），选定要进行的实验后，按【确认】键有效。

6）【实验参数】按钮用于设置实验中需要的各项参数，如图 2-41 所示。

7）【Y 轴范围】按钮用于设置实时曲线的 Y 轴坐标范围，如图 2-42 所示。

8）按下【机构演示】按钮后会弹出所选机构的演示图（图 2-43）。

9）【退出】按钮用于退出程序。程序的主要功能都由主控栏中的主要功能按钮完成，只有实时曲线的控制是由曲线显示栏中的复选框和功能按钮完成的。其中，曲线的数量由复选框来决定，选中当前复选框表示显示该条曲线，反之则隐藏该曲线。而放回控制按钮的作用依次是：测量值的后退、前进，计算值的后退、前进以及传感器测试（图 2-44）。

图 2-40 【实验选择】界面

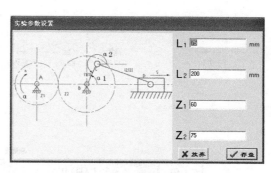

图 2-41 【实验参数设置】界面

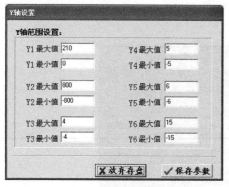

图 2-42 【Y轴设置】界面

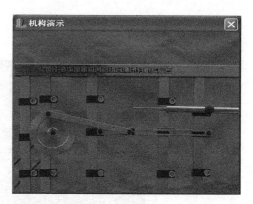

图 2-43 【机构演示】界面

图 2-44 【回放】按钮

2.3.4 实验原理和方法

机构的运动参数，包括位移（角位移）、速度（角速度）、加速度（角加速度）等，都是分析机构运动学及动力学特性必不可少的参数，通过实测得到的这些参数可以用来验证理论设计是否正确或合理，也可以用来检测机构的实际运动情况。

任何物理量的测量装置，往往由许多功能不同的元器件组成。典型的测量装置原理图如图 2-45 所示。

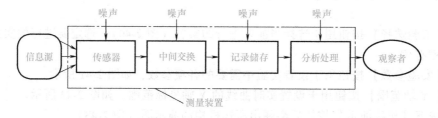

图 2-45 测量装置原理图

在测量技术中，首先经传感器将机构运动参数（非电量）变换成便于检测、传输或计算处理的电参量（电阻、电荷、电动势等）后，送进中间变换器，中间变换器把这些电参量进一步变成易于测量或显示的电流或电压（通称电信号）等，使电信号成为一些满足需要又便于记录和显示的信号，最后被计算机记录、分析、显示出来，供测量者使用。

采用非电量电测法，通过线位移传感器和角位移传感器分别测量曲柄滑块机构中滑块的线位移和曲柄摇杆机构中摇杆的角位移，然后通过微分与计算分别获得滑块的线速度、线加速度，以及摇杆的角速度、转速、角加速度。

2.3.5　实验内容

按照实验要求和给定的实验设备，组装平面机构进行测试实验。实验时，首先由学生选定或教师指定测试实验的机构类型，学生按照实验要求确定构件尺寸并选定构件后，先完成机构的组装，并在适当位置设置测试元器件，进行相关参数的测试与分析。

1. 曲柄-对心滑块机构（图 2-46）

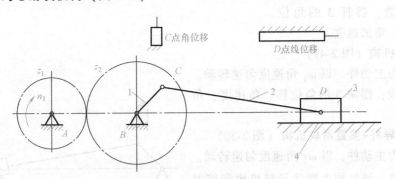

图 2-46　曲柄-对心滑块机构

齿轮 z_1 或 z_2 为主动件，转速为 n_1，曲柄 1 与齿轮 z_2 固联（铰链 C 可直接在齿轮上且不在回转轴线上的圆孔处拼接形成）。

滑块导路延长线通过齿轮 z_2 的回转轴线。

曲柄 1 可用两个不同尺寸的齿轮形成两个尺寸不等的曲柄（即更换不同的齿轮 z_2），而连杆 2 则可选择不同长度的连杆。

测试参数：滑块 3 的位移、速度、加速度。

2. 曲柄-偏心滑块机构（图 2-47）

齿轮 z_1 或 z_2 为主动件，转速为 n_1。

结构特点：曲柄 1 与齿轮 z_2 固联，铰链 C 可直接由齿轮 z_2 不在圆心上的孔拼接形成；滑块导路延长线与齿轮 z_2 回转中心偏心距为 e。

曲柄 1 可用两个不同尺寸的齿轮形成两个尺寸不等的曲柄（即更换不同的齿轮 z_2），连杆 2 则可选择不同长度的连杆。

测试参数：滑块 3 的位移、速度、加速度。

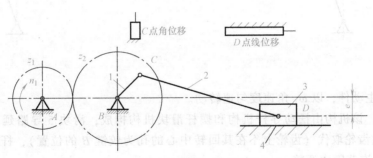

图 2-47　曲柄-偏心滑块机构

3. 曲柄-摇杆机构（图2-48）

齿轮 z_1 或 z_2 为主动件，以 ω_1 角速度匀速转动。

结构特点：由一级齿轮机构与曲柄摇杆机构构成，其中曲柄1与齿轮 z_2 固联，曲柄1可有两种不同尺寸（由两个不同齿轮构成），摇杆2、3、4均可在构件允许范围内调整长度。

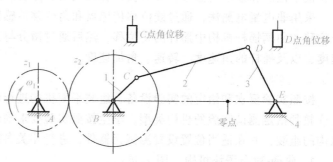

图 2-48　曲柄-摇杆机构

测试参数：摇杆3的角位移、角速度、角加速度。

4. 摆块机构（图2-49）

构件1为主动件，以 ω_1 角速度匀速转动。

测试参数：摆块3的角位移、角速度、角加速度。

5. 摆动导杆+偏置滑块机构（图2-50）

构件1为主动件，以 ω_1 角速度匀速转动。

结构特点：该机构由摆动导杆机构和偏置滑块机构构成，杆件1可由齿轮取代（齿轮上不在其回转中心的孔为铰链 B 的位置）；杆件

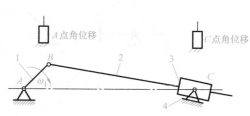

图 2-49　摆块机构

1、3、4和 AC 尺寸可在允许范围内调整；滑块5导路延长线不通过铰链 A，也不通过铰链 C，导路延长线距铰链 C 的位置可调整。

测试参数：①导杆3的角位移、角速度、角加速度；②滑块5的位移、速度、加速度。

6. 摆动导杆机构+对心滑块机构（图2-51）

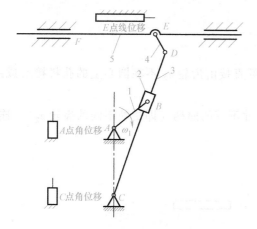

图 2-50　摆动导杆+偏置滑块机构

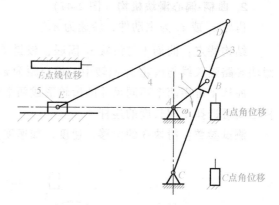

图 2-51　摆动导杆机构+对心滑块机构

构件1为主动件，以 ω_1 角速度匀速转动。

结构特点：该机构由摆动导杆机构和摆杆滑块机构构成；滑块5导路延长线通过铰链 A；杆件1可由齿轮取代（齿轮上不在其回转中心的孔为铰链 B 的位置），杆件1、3、4和 AC 尺寸可在允许范围内调整。

测试参数：①导杆 3 的角位移、角速度、角加速度；②滑块 5 的位移、速度、加速度。

7. 正弦机构（图 2-52）

杆件 1 为主动件，以 ω_1 角速度匀速转动。

结构特点：该机构由双滑块机构构成；滑块 3 和滑块 2 导路互相垂直，且滑块 3 导路延长线通过铰链 A。

曲柄 1 可由齿轮构成，齿轮上不在回转轴线上的孔作为转动滑块 2 的铰链。

测试参数：滑块 3 的位移、速度和加速度。

图 2-52　正弦机构

8. 导杆-摇杆机构（图 2-53）

杆件 1 为主动件，以 ω_1 角速度匀速转动。

结构特点：该机构由曲柄导杆机构和双摇杆机构构成。曲柄 1 可由齿轮构成，滑块 2 的铰链拼装在齿轮上不在回转轴线的孔中。构件 1、AC、CF、构件 4、构件 5 尺寸均可在允许范围内调整。

测试参数：摆杆 5 的角位移、角速度、角加速度。

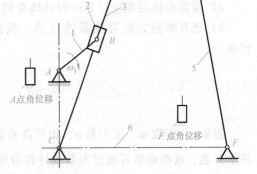

图 2-53　导杆-摇杆机构

9. 尖顶从动件凸轮机构（图 2-54）

凸轮 1 为主动件，以 ω_1 匀速转动。

结构特点：对心移动从动件凸轮机构。推程为等速运动规律，回程为等加速等减速运动规律。

测试参数：从动件 2 的位移、速度、加速度。

10. 槽轮机构（图 2-55）

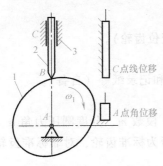

图 2-54　尖顶从动件凸轮机构

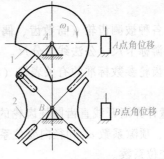

图 2-55　槽轮机构

拨盘 1 为主动件，以角速度 ω_1 匀速转动。

测试参数：槽轮 2 的角位移、角速度、角加速度。

2.3.6　实验步骤

1）按照实验要求和给定的实验设备，组装实验机构。

2）检查实验台各接线是否正确。

3）打开计算机和实验台电源开关。

4）运行平面机构运动参数测试与分析软件。

5）选择实验类型，输入实验数据，测试实验要求的参数：位移、速度和加速度（角位移、角速度、角加速度）。

6）打印测量数据和曲线图。

7）比较测量结果与理论计算结果，分析机构运动特性。

8）测量结束后退出软件系统，关闭电源。

2.3.7 注意事项

1）在未确定拼装机构能正常运行前，一定不能开机。

2）若机构在运行时出现松动、卡死等现象，请及时关闭电源，对机构进行调整。

2.3.8 思考题

1）影响运动参数测量精度的因素有哪些？

2）实测曲线与理论计算所得曲线有何差异？试分析其原因。

3）还有哪些方法可测量线位移、线速度、线加速度、角位移、角速度、角加速度、转速？

2.4 渐开线直齿圆柱齿轮参数测试实验

齿数 z、模数 m、压力角 α、齿顶高系数 h_a^*、顶隙系数 c^*、径向变位系数 x 等是齿轮的基本参数，这些参数可通过测量或计算得到。一旦这些参数被确定，该齿轮的各部分尺寸即可确定。

2.4.1 实验目的

1）培养动手能力，掌握用游标卡尺和公法线千分尺测定渐开线直齿圆柱齿轮基本几何参数的方法。

2）通过测量和计算，熟悉并巩固齿轮各部分尺寸、各参数之间的相互关系和渐开线性质的知识。

2.4.2 实验设备和工具

1）各种被测齿轮（奇数齿、偶数齿、标准齿轮、变位齿轮）。

2）游标卡尺、公法线千分尺。

3）齿轮参数标准的有关表格（教科书），计算工具和记录纸等（自备）。

2.4.3 实验原理和方法

测量计算渐开线直齿圆柱齿轮的基本参数：齿数 z、模数 m、分度圆压力角 α、齿顶高系数 h_a^*、顶隙系数 c^* 和径向变位系数 x。判断齿轮是否为标准齿轮，对非标准齿轮，确定其径向变位系数。

1. 确定齿数 z

齿数 z 直接从待测齿轮上数出。

2. 确定齿顶圆直径 d_a 和齿根圆直径 d_f，计算全齿高

对于尺寸不太大的偶数齿齿轮可用游标卡尺直接测量，而对于奇数齿齿轮则采用转化法间接测量。

如图 2-56a 所示，偶数齿齿轮的 d_a 与 d_f 可直接用游标卡尺测量。如图 2-56b 所示，奇数齿齿轮的 d_a 与 d_f 须间接测量。

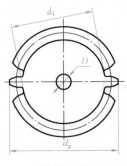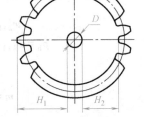

a) 偶数齿齿轮　　　　　　　　　　b) 奇数齿齿轮

图 2-56　齿轮 d_a 与 d_f 的测量方法

$$d_a = D + 2H_1 \tag{2-4}$$

$$d_f = D + 2H_2 \tag{2-5}$$

则全齿高

$$h = (d_a - d_f)/2 = H_1 - H_2 \tag{2-6}$$

式中　D——齿轮内孔直径；

H_1——齿轮齿顶圆至内孔壁的径向距离；

H_2——齿轮齿根圆至内孔壁的径向距离。

因为

$$d_a = mz + 2h_a^* m + 2xm$$

$$h = 2h_a^* m + c^* m$$

则

$$h_a^* = \frac{1}{2}\left(\frac{d_a}{m} - z - 2x\right)$$

$$c^* = \frac{h}{m} - 2h_a^*$$

按国家标准值圆整，正常齿：$h_a^* = 1$，$c^* = 0.25$。

短齿：$h_a^* = 0.8$，$c^* = 0.3$。

3. 确定模数 m（或径节 D_p）和分度圆压力角 α

测定公法线长度 w_k' 和 w_{k+1}' 是为了求出基圆齿距 p_b，采用测基圆齿距加查表的方法确定 m 和 α。

测量原理如图 2-57 所示，由渐开线性质，渐开线的法线相切于基圆，其长度等于基圆上两渐开线起点间的弧长跨 k 个齿的公法线与跨 $k+1$ 个齿的公法线，仅少一个基圆齿距 p_b。为了保证卡脚与齿廓的渐开线部分相切，对不同齿数规定跨齿数 k（见表 2-4）。

若卡尺跨 k 个齿，其公法线长度为

$$w_k' = (k-1)p_b + s_b \tag{2-7}$$

同理，若卡尺跨 $(k+1)$ 个齿，其公法

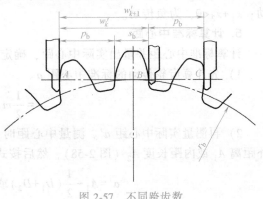

图 2-57　不同跨齿数

线长度则应为

$$w'_{k+1} = kp_b + s_b \qquad (2-8)$$

所以

$$w'_{k+1} - w'_k = p_b \qquad (2-9)$$

又因

$$p_b = w'_{k+1} - w'_k = \pi m \cos\alpha$$

所以

$$m = \frac{p_b}{\pi\cos\alpha} \qquad (2-10)$$

表 2-4 跨齿数 k

z	12~18	19~27	28~36	37~45	46~54	55~63	64~72	73~81
k	2	3	4	5	6	7	8	9

虽然 m 和 α 都已标准化了，但压力角除 20° 外尚有其他值，故应分别代入，算出其相应的模数，其数值最接近于标准值的一组 α 和 m，即为所求的值，否则应按径节制计算。

根据测得的基圆齿距 p_b，利用表 2-5 可直接查出与测量结果相等或相近的 m（或 D_p）和 α 值。

4. 计算径向变位系数 x 及变位齿轮传动类型的判定

根据齿轮的基圆齿厚公式

$$s_b = s\cos\alpha + 2r_b\mathrm{inv}\alpha = m(\pi/2 + 2x\tan\alpha)\cos\alpha + 2r_b\mathrm{inv}\alpha$$

即

$$2xm\tan\alpha\cos\alpha = s_b - \frac{m\pi}{2}\cos\alpha - 2r_b\mathrm{inv}\alpha$$

$$s_b = w'_{k+1} - kp_b \qquad (2-11)$$

$$x = \frac{\dfrac{s_b}{m\cos\alpha} - \dfrac{\pi}{2} - z\mathrm{inv}\alpha}{2\tan\alpha} \qquad (2-12)$$

将式（2-11）代入式（2-12）即可求出径向变位系数 x。

按照相互啮合的两齿轮径向变位系数和 $(x_1 + x_2)$ 值的不同，可将变位齿轮传动分为三种基本类型：

1）$x_1 + x_2 = 0$，且 $x_1 = x_2 = 0$，即标准齿轮传动。

2）$x_1 + x_2 = 0$，且 $x_1 = x_2 \neq 0$，即等变位齿轮传动，又称高度变位齿轮传动，亦称零传动。

3）$x_1 + x_2 \neq 0$，即不等变位齿轮传动，又称角度变位齿轮传动。其中：$x_1 + x_2 > 0$，为正传动；$x_1 + x_2 < 0$，为负传动。

5. 计算标准中心距

计算标准中心距并量出实际中心距，确定传动情况，初步判断变位齿轮存在的情况。

1）先计算齿轮传动的标准中心距 a。

$$a = \frac{1}{2}m(z_1 + z_2) \qquad (2-13)$$

2）再测量实际中心距 a'。测量中心距时，可直接测量齿轮内孔直径 D_1、D_2 及两孔的外距离 A_1 或内距长度 A_2（图 2-58），然后按式（2-14）计算。

$$a' = A_1 - \frac{1}{2}(D_1 + D_2) \ \text{或}\ a' = A_2 + \frac{1}{2}(D_1 + D_2) \qquad (2-14)$$

用实测的中心距 a' 与标准中心距 a 比较：

① $a'=a$，为零传动（标准传动或等变位齿轮传动）。

② $a'>a$，为正传动（也称正变位齿轮传动）。

③ $a'<a$，为负传动（也称负变位齿轮传动）。

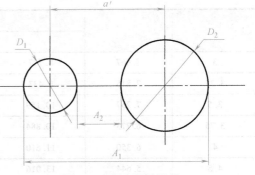

图 2-58　中心距的测量

2.4.4　实验步骤

1）熟悉游标卡尺的使用和正确读数方法。

2）数出被测齿轮的齿数并做好记录。

3）测量各齿轮的 d_a、d_f、w'_k 和 w'_{k+1}。

4）确定各被测齿轮的基本参数：m、α、h_a^*、c^*、径向变位系数 x 及中心距 a。

2.4.5　注意事项

1）实验前应检查游标卡尺的初读数是否为零，若不为零应设法修正。

2）齿轮被测量的部位应选择在光整无缺陷之处，以免影响测量结果的正确性。在测量公法线长度时，必须保证卡尺与齿廓渐开线相切，若卡入 $(k+1)$ 齿时不能保证这一点，需调整卡入齿数为 $(k-1)$，而 $p_b = w'_k - w'_{k-1}$。

3）测量齿轮的几何尺寸时，应选择在不同位置测量三次，取其平均值作为测量结果。

4）通过实验求出的基本参数 m、α、h_a^*、c^* 必须圆整为标准值。

5）测量的尺寸精确到小数点后第二位；计算 x 时取小数点后两位数字。

2.4.6　思考题

1）测量偶数齿齿轮与奇数齿齿轮的 d_a 与 d_f 时，所用的方法有什么不同？为什么？

2）由图 2-57 可知，齿轮公法线长度的计算公式为 $w'_k = (k-1)p_b + s_b$，此公式是依据渐开线的哪条性质推导得到的？

3）影响公法线长度测量精度的因素有哪些？

4）测量时游标卡尺的测量爪若放在渐开线齿廓的不同位置上对测量的 w'_k、w'_{k+1} 有无影响？为什么？

5）渐开线直齿圆柱齿轮的基本参数有哪些？

表 2-5　基圆齿距 $p_b = \pi m \cos\alpha$ 的数值

模数 m/mm	径节 D_p/in	p_b/mm			
		$\alpha = 22.5°$	$\alpha = 20°$	$\alpha = 15°$	$\alpha = 14.5°$
1	25.400	2.902	2.952	3.053	3.014
1.25	20.320	3.682	3.690	3.793	3.817
1.5	16.933	4.354	4.428	4.552	4.562
1.75	14.514	5.079	5.166	5.310	5.323
2	12.700	5.805	5.904	6.069	6.080
2.25	11.289	6.530	6.642	6.828	6.843
2.5	10.160	7.256	7.380	7.586	7.604
2.75	9.236	7.982	8.118	8.345	8.363

（续）

模数 m/mm	径节 D_p/in	p_b/mm			
		$\alpha = 22.5°$	$\alpha = 20°$	$\alpha = 15°$	$\alpha = 14.5°$
3	8.467	8.707	8.856	9.104	9.125
3.25	7.815	9.433	9.594	9.862	9.885
3.5	7.257	10.159	10.332	10.621	10.645
3.75	6.773	10.884	11.071	11.379	11.406
4	6.350	11.610	11.808	12.138	12.166
4.5	5.644	13.016	13.258	13.655	13.687
5	5.080	14.512	14.761	15.173	15.208
5.5	4.618	15.963	16.237	16.690	16.728
6	4.233	17.415	17.713	18.207	18.249
6.5	3.908	18.866	19.189	19.724	19.770
7	3.629	20.317	20.665	21.242	21.291
8	3.175	23.220	23.617	24.276	24.332
9	2.822	26.122	26.569	27.311	27.374
10	2.540	29.024	29.512	30.345	30.415
11	2.309	31.927	32.473	33.380	33.457
12	2.117	34.829	35.426	36.414	36.498
13	1.954	37.732	38.378	39.449	39.540
14	1.814	40.634	41.330	42.484	42.581
15	1.693	43.537	44.282	45.518	45.623
16	1.588	46.439	47.234	48.553	48.665
18	1.411	52.244	53.138	54.622	54.748
20	1.270	58.049	59.043	60.691	60.831
22	1.155	63.584	64.947	66.760	66.914
25	1.016	72.561	73.803	75.864	76.038
28	0.907	81.278	82.660	84.968	85.162
30	0.847	87.07	88.564	91.04	91.25
33	0.770	95.787	97.419	100.14	100.371
36	0.651	104.487	106.278	109.242	109.494
40	0.635	116.098	118.086	121.38	121.66
45	0.564	130.61	132.85	136.55	136.87
50	0.508	145.12	147.61	151.73	152.08

2.5 齿轮展成原理实验

　　在多种机械中，齿轮机构是应用最广的传动机构之一，用展成法加工齿轮是目前齿轮加工业广泛应用的加工技术。通过渐开线齿轮的展成实验，可以亲自体验用齿条插刀加工标准渐开线齿轮的过程；通过变换刀具位置，了解形成变位齿轮的过程，有助于加深对齿轮加工和啮合原理的理解。

2.5.1 实验目的

1）掌握用展成法加工渐开线齿轮齿廓的基本原理。

2）通过观察齿条刀具加工渐开线齿廓的过程，了解用展成法加工渐开线齿轮齿廓时，产生根切和齿顶变尖现象的原因，以及避免根切的方法。

3）了解标准齿轮和变位齿轮的异同点。

2.5.2 实验设备和工具

1）齿轮展成仪。齿条刀具参数：模数 $m = 10mm$、压力角 $\alpha = 20°$、齿顶高系数 $h_a^* = 1$、顶隙系数 $c^* = 0.25$。

2）上实验课前，自备直径大于 230mm 的圆形绘图纸一张。

3）自备直尺或三角板、圆规、计算器、铅笔等。

2.5.3 实验原理和方法

展成法是目前最常用的一种齿轮加工方法，插齿、滚齿、剃齿和磨齿等都属于这一类加工方法。用展成法加工齿轮时，只要刀具的模数和压力角与被加工齿轮相同，则不论被加工齿轮的齿数是多少，都可以用同一把刀具进行加工。和仿形法相比，展成法加工齿轮的生产效率较高。

在齿轮实际加工中，看不到轮齿齿廓渐开线的形成过程。实验中所用的齿轮展成仪相当于用齿条形刀具加工齿轮的机床，齿轮展成仪（图 2-59）所用的刀具模型为齿条插刀，待加工齿轮的纸坯与刀具模型都安装在展成仪上，由展成仪来保证刀具与轮坯的纯滚动，即齿轮以等角速度 ω 转动，齿条则以等速 ωr 移动（r 为齿轮分度圆半径），待加工纸坯的分度圆线速度与刀具移动速度相等，齿轮与齿条刀具做纯滚动。对应着对滚中的刀具与轮坯的各个位置，依次用铅笔在纸上描绘出刀具的切削刃廓线，每次所描下的切削刃廓线相当于轮坯在该位置被切削刃所切去的部分，这样就能清楚地观察到切削刃廓线逐渐包络出被加工齿轮的渐开线齿廓，形成齿轮"加工"的全过程。这样就能清楚地观察到渐开线齿廓的展成过程。

将绘图纸做成圆形轮坯，用压板固定在托盘上，托盘可绕固定轴 O 转动。代表齿条刀具的齿条通过螺钉固定在刀架上，齿条刀具可在刀架上沿径向导槽相对于托盘中心 O 做径向移动。因此，齿条刀具既可以随刀架做水平左右移动，又可以相对于刀架做径向移动。刀架与托盘之间凭借钢丝的带动，保证轮坯分度圆与节线做纯滚动（即刀具与轮坯的展成运动），当齿条刀具的分度线与轮坯分度圆对齐时，能展成标准齿轮齿廓。调节齿条刀具相对齿坯中心的径向位置，可以展成变位齿轮齿廓。

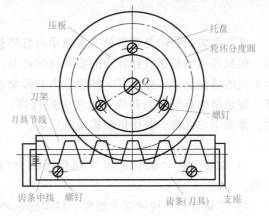

图 2-59 齿轮展成仪结构示意图

2.5.4 实验步骤

1）根据齿条刀具的模数（$m = 10mm$）和被切齿轮的齿数（$z = 20$），计算出被切齿轮的分度圆直径，以及标准齿轮和正、负变位齿轮（可取正、负径向变位系数 $x = \pm 0.5$）的基圆、齿顶圆及齿根圆直径。

2）将图纸分为互成120°的三个区域，分别按上述计算尺寸在三个区域内画出分度圆，以及标准齿轮和正、负变位齿轮的齿顶圆、齿根圆和基圆，并将图纸剪成比最大的齿顶圆大3mm左右的圆形，作为本实验用的"轮坯"（上一步和这一步应在上实验课前完成）。

3）把轮坯图纸安装到展成仪的托盘上。首先使标准齿轮的区域对准刀具，调整图纸使其圆心与托盘圆心重合，然后用压板和螺钉将图纸压紧在托盘上。

4）调节刀具中线，使其与被加工齿轮分度圆相切，刀具处于切制标准齿轮时安装位置上。

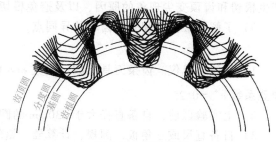

图 2-60　图形结果

5）"切制"齿廓时，先把刀具移向一端，使刀具的齿廓退出轮坯中标准齿轮的齿顶圆；然后每当刀具向另一端移动 2~3mm 距离时，用铅笔描下切削刃在图纸轮坯上的位置，每移动一次距离，就记录一次，直到形成两三个完整的齿形为止，如图 2-60 所示。在此阶段应注意观察轮坯上齿廓形成的过程。此时切割出的齿轮为标准齿轮。

6）标准齿轮"切制"完成后，重新安装代表轮坯的图纸，调整刀具距离轮坯中心的位置，分别"切制"出完整的正、负变位齿轮的齿廓曲线。

2.5.5　注意事项

1）加工标准齿轮和变位齿轮时，注意刀具的安装位置。

2）加工变位齿轮时径向变位系数的取值不宜过大，比最小径向变位系数略大即可。

2.5.6　思考题

1）通过实验，说明你所观察到的根切现象是怎样产生的。避免根切的方法有哪些？

2）用同一齿条刀具加工出的标准齿轮和正、负变位齿轮的各参数，哪些相同，哪些不同？

2.6　机构认知实验

认知实验的目的是将部分基本教学内容转移到实物模型陈列室进行教学，是机械设计基础、机械原理和机械设计课程的重要教学环节。认知实验可增强学生对机械零部件和机构运动形式的感性认识，弥补其空间想象力和形象思维能力的不足，加深其对教学基本内容的理解，促进学生自学能力和独立思考力的提高。此外，丰富的实物模型有助于学生扩大知识面，激发学习兴趣，获得创新思维的启迪。

2.6.1　实验目的

1）初步了解"机械原理"课程所研究的各种常用机构的结构、类型、特点及应用实例。

2）了解常见机构的基本类型、结构形态和实际应用。

2.6.2　实验装置及实验原理

观看图 2-61 所示机械原理陈列柜。陈列柜展示各种常用机构的模型，通过模型的动态展示，增强学生对机构与机器的感性认识。实验教师只做简单介绍，提出问题，供学生思考。学生通过观察，对常用机构的结构、类型、特点有一定的了解，有助于激发学习机械原理课程的兴趣。

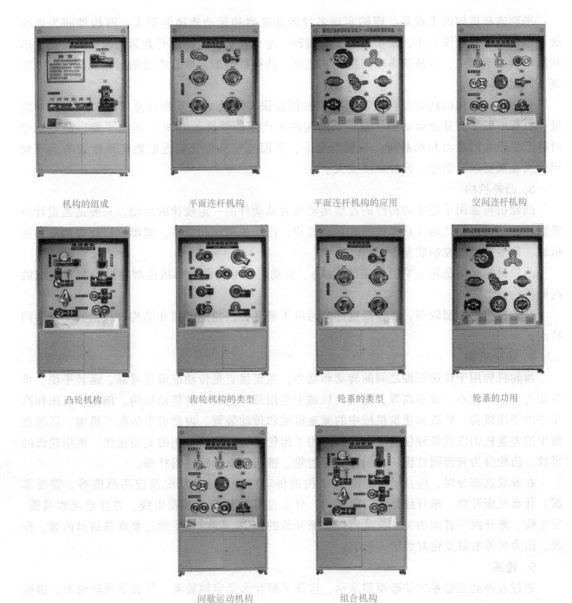

机构的组成　　　　平面连杆机构　　　平面连杆机构的应用　　　空间连杆机构

凸轮机构　　　　齿轮机构的类型　　　　轮系的类型　　　　轮系的功用

间歇运动机构　　　　　组合机构

图 2-61　机械原理陈列柜

2.6.3　实验内容

1. 对机器的认识

通过实物模型和机构的观察，学生可以认识到：机器是由一个机构或几个机构按照一定运动要求组合而成的。所以，只要掌握了各种机构的运动特性，再去研究任何机器的特性就不难了。在机械原理中，运动副是以两构件的直接接触形式的可动连接及运动特征来命名的，如高副、低副、转动副、移动副等。

2. 平面连杆机构

平面连杆机构是一种用低副机构将若干刚性构件连接而成的机构。在内燃机、牛头刨床、起重机、缝纫机、纺织和食品机械、印刷机、自动包装机以及仪表指示机构等多种机械中，都有平面连杆机构的实际应用。

平面连杆机构的优点是：能够实现多种运动规律和运动轨迹的要求；两构件间为面接触，单位面积所受压力小，便于润滑，磨损轻，寿命较长；运动副元素为平面或圆柱面，形状简单，易于加工，容易获得较高精度。此外，两构件间的接触靠本身的封闭几何图形来实现，简化了结构。

平面连杆机构的缺点是：运动副间隙和杆长误差等使运动累积误差增加，影响传动精度；机构中做平面复杂运动和往复运动的构件所产生的惯性力（矩）不易平衡，高速运动时将产生较大的振动和动载荷；一般情况下，平面连杆机构只能近似地实现给定的运动规律，当运动要求复杂时，设计难度变大。

3. 凸轮机构

凸轮机构常用于把主动构件的连续运动变为从动件的一定规律的运动。只要适当设计凸轮廓线，便可以使从动件获得任意的运动规律。凸轮机构结构简单、紧凑，广泛应用于各种机械、仪器及操纵控制装置中。

凸轮机构是由凸轮（它有特定的廓线）、从动件（它由凸轮廓线控制着）及机架组成的高副机构。

凸轮机构的类型较多，在参观这部分时应了解各种凸轮的特点和结构，找出其中的共同特点。

4. 齿轮机构

齿轮机构用于传递两轴之间的转动和动力，主要优点是传动准确且可靠、运转平稳、承载能力大、体积小、效率高等，是现代机械中应用最广泛的一种传动机构。例如，机床和汽车中的变速机构、铸造和建筑机械中的减速机械和传动装置、内燃机中的配气机构、运输机械中的差速机构以及各种仪器设备等都应用了齿轮机构。齿轮机构的类型很多，根据轮齿的形状，齿轮分为直齿圆柱齿轮、斜齿圆柱齿轮、锥齿轮及蜗轮、蜗杆等。

在参观这部分时，应注意了解各种机构的传动特点、运动状况及应用范围等。需要掌握：什么是渐开线，渐开线是如何形成的，什么是基圆和渐开线发生线，并注意观察基圆、发生线、渐开线三者间的关系，从而得出渐开线的性质。同时还要通过参观总结出齿数、模数、压力角等参数变化对齿形的影响。

5. 轮系

通过各种类型轮系的动态模型演示，应该了解什么是定轴轮系，什么是周转轮系。根据自由度不同，周转轮系又分为行星轮系和差动轮系。应该了解它们的异同点，差动轮系为什么能将一个运动分解为两个运动或将两个运动合成为一个运动。

周转轮系的功用、形式很多，各种类型都有其缺点和优点。在今后的应用中应如何避开缺点，发挥优点等都是需要实验后认真思考和总结的问题。

6. 其他常用机构

其他常用机构有：棘轮机构，摩擦式棘轮机构，槽轮机构，不完全齿轮机构，凸轮式间歇运动机构，万向联轴器及非圆齿轮机构等。通过各种机构的动态演示，应知道各种机构的运动特点及应用范围。

7. 机构的串、并联

展柜中展示有实际应用的机器设备、仪器仪表的运动机构。从这可以看出，机器都是由一个或几个机构按照一定的运动要求串、并联组合而成的。所以在学习机械原理课程时一定要掌握好各类基本机构的运动特性，这样才能更好地去研究任何机构（复杂机构）的特性。

2.6.4 思考题

1）何谓机构、机器、机械？

2）平面四杆机构的基本类型有哪些？举例说明平面连杆机构的实际应用。

3）凸轮机构的从动件有哪几种形式？各有什么优缺点？

4）一般情况下，一对齿轮传动实现了怎样的运动传递和变换？常用的齿轮传动有哪些种类？举例说明齿轮传动的应用实例。

5）何谓轮系？轮系分为哪些种类？周转轮系中行星齿轮的运动有何特点？轮系的功用主要有哪些？

6）间歇运动机构的运动特点是什么？它常用于什么样的工作场合？

7）什么是渐开线？渐开线是如何形成的？什么是基圆和渐开线发生线？基圆、发生线、渐开线三者间的关系如何？

2.7 "机械原理实验" 实验报告

2.7.1 平面机构运动简图测绘实验报告

学 生 姓 名		学 号		成 绩	
实 验 时 间		年 月 日 第 节		组 别	
学 院				实验教师	

一、实验目的

二、实验设备和工具

三、平面机构运动简图测绘及自由度计算

1. 机构名称：＿＿＿＿＿＿＿＿＿＿＿＿＿＿＿＿＿＿（$\mu_L = L_{AB}/l_{ab} =$ ＿＿＿＿＿＿＿）（构件长度以 mm 为单位，取整数）

机构自由度计算：$n =$ ＿＿＿＿＿＿ $P_L =$ ＿＿＿＿＿＿ $P_H =$ ＿＿＿＿＿＿ $F = 3n - (2P_L + P_H) =$ ＿＿＿＿＿＿＿＿

机构运动是否确定：＿＿＿＿＿＿＿＿＿＿＿＿＿＿＿＿＿＿＿＿＿＿＿＿＿＿＿＿＿＿＿＿＿＿＿＿

理由：＿＿

2. 机构名称：_____ （$\mu_L = L_{AB}/l_{ab} = $ _____） （构件长度以 mm 为单位，取整数）

机构自由度计算：$n = $ _____ $P_L = $ _____ $P_H = $ _____ $F = 3n - (2P_L + P_H) = $ _____

机构运动是否确定：_____

理由：_____

_____

四、简要回答下列问题

1. 机构运动简图的定义是什么？

2. 绘制机构运动简图时，如何选取投影面？

3. 机构自由度计算时有哪些注意事项？

4. 机构自由度计算对绘制机构运动简图有何作用？

2.7.2 平面运动机构创新设计实验报告

学 生 姓 名		学　　号		成　　绩	
实 验 时 间		年 月 日 第 　 节		组　　别	
学　院				实验教师	

一、实验目的

二、机构名称

三、简答题

1. 绘制系统运动方案机构简图（在图中标出活动构件、原动件、转动副、移动副、低副、高副、复合铰链、虚约束、局部自由度等的位置与个数），要求符号规范，并计算机构的自由度。

2. 说明所拼装的系统机构的方案及其工作特点。

3. 针对所拼装的系统机构进行杆组化分，简要说明机构杆组的拆装过程，并画出所拆机构的杆组简图。

4. 根据拆分的杆组，按不同的顺序排列杆组，可能组合的机构运动方案有哪几种？要求用机构运动简图表示出来，就运动传递情况进行方案比较，并简要说明。

2.7.3　平面机构运动参数测试与分析实验报告

学 生 姓 名		学　　号		成　　绩	
实 验 时 间		年　月　日　第　　　节		组　　别	
学　院				实验教师	

一、实验目的

二、实验原理与设备

三、实验步骤（按照实际操作过程）

四、机构运动参数测定

1. 绘制平面机构运动简图（要求：按比例绘制）。

2. 实测运动曲线图（打印图粘贴处）。

五、实验结果分析（实测图线与仿真曲线有何差异？试分析其原因）

2.7.4 渐开线直齿圆柱齿轮参数测试实验报告

学生姓名		学 号		成 绩	
实验时间		年 月 日 第 节		组 别	
学院				实验教师	

一、实验目的

二、测量数据

<table>
<tr><td colspan="3" rowspan="2">已知参数

测量内容</td><td colspan="4">模数制齿轮</td></tr>
<tr><td colspan="2">$h_a^* = 1$（正常齿）
$h_a^* = 0.8$（短齿）</td><td colspan="2">$c^* = 0.25$（正常齿）
$c^* = 0.3$（短齿）</td></tr>
<tr><td rowspan="17">d_a、
d_f、
h 的测量</td><td rowspan="3">齿数为偶数
时（$z=$　）
被测齿轮
编号（　）</td><td>测量次数</td><td>1</td><td>2</td><td>3</td><td>平均值</td></tr>
<tr><td>d_a/mm</td><td></td><td></td><td></td><td></td></tr>
<tr><td>d_f/mm</td><td></td><td></td><td></td><td></td></tr>
<tr><td>$h=(d_a-d_f)/2=$</td><td colspan="4"></td></tr>
<tr><td rowspan="7">齿数为奇数
时（$z=$　）
被测齿轮编
号（　）</td><td>测量次数</td><td>1</td><td>2</td><td>3</td><td>平均值</td></tr>
<tr><td>D/mm</td><td></td><td></td><td></td><td></td></tr>
<tr><td>H_1/mm</td><td></td><td></td><td></td><td></td></tr>
<tr><td>H_2/mm</td><td></td><td></td><td></td><td></td></tr>
<tr><td>$d_a=D+2H_1=$</td><td colspan="4"></td></tr>
<tr><td>$d_f=D+2H_2=$</td><td colspan="4"></td></tr>
<tr><td>$h=H_1-H_2=$</td><td colspan="4"></td></tr>
<tr><td colspan="7"></td></tr>
<tr><td rowspan="3">偶数齿轮</td><td>k</td><td></td><td colspan="2" align="center">计算</td><td></td></tr>
<tr><td>w_k/mm</td><td></td><td colspan="2">p_b/mm</td><td></td></tr>
<tr><td>w_{k+1}/mm</td><td></td><td colspan="2">S_b/mm</td><td></td></tr>
<tr><td rowspan="3">奇数齿轮</td><td>k</td><td></td><td colspan="2" align="center">计算</td><td></td></tr>
<tr><td>w_k/mm</td><td></td><td colspan="2">p_b/mm</td><td></td></tr>
<tr><td>w_{k+1}/mm</td><td></td><td colspan="2">S_b/mm</td><td></td></tr>
</table>

三、计算结果

1. 确定模数 m、分度圆压力角 α。

(1) 齿数为偶数时，$z =$ _____ 被测齿轮编号 _____。

$m =$ _____ $\alpha =$ _____

(2) 齿数为奇数时，$z =$ _____ 被测齿轮编号 _____。

$m =$ _____ $\alpha =$ _____

2. 计算径向变位系数。

(1) 齿数为偶数时，$z =$ _____ 被测齿轮编号 _____。

$x =$ _____

(2) 齿数为奇数时，$z =$ _____ 被测齿轮编号 _____。

$x =$ _____

3. 计算标准中心距、测量实际中心距。

四、确定传动情况，并判断变位齿轮存在的情况及依据

五、思考题

1. 测量偶数与奇数齿齿轮的 d_a 与 d_f 时，所用的方法有什么不同？为什么？

2. 齿轮公法线长度的计算公式为 $w'_k = (k-1)p_b + s_b$，此公式是依据什么性质推导得到的？

2.7.5 齿轮展成原理实验报告

学 生 姓 名		学 号		成 绩	
实 验 时 间		年 月 日 第 节		组 别	
学 院				实验教师	

一、实验目的

二、实验参数

（1）齿条刀具：模数 $m = 10\text{mm}$；压力角 $\alpha = 20°$；齿顶高系数 $h_a^* = 1$、顶隙系数 $c^* = 0.25$。

（2）被加工齿轮：齿数 $z = 20$；$x = \pm 0.5$。

三、齿廓图（粘贴处）

四、计算结果

名称	计算公式	计算值			结果比较	
		标准齿轮	正变位齿轮	负变位齿轮	正变位齿轮	负变位齿轮
分度圆直径	$d = mz$					
齿顶圆直径	$d_a = (z + 2h_a^* + 2x)m$					
齿根圆直径	$d_f = (z - 2h_a^* - 2c^* + 2x)m$					
基圆直径	$d_b = mz\cos\alpha$					
分度圆齿距	$p = \pi m$					
基圆齿距	$p_b = p\cos\alpha$					
分度圆齿厚	$s = \left(\dfrac{\pi}{2} + 2x\tan\alpha\right)m$					
分度圆齿槽宽	$e = p - s$					
齿顶高	$h_a = (h_a^* + x)m$					
齿根高	$h_f = (h_a^* + c^* - x)m$					
齿全高	$h = (2h_a^* + c^*)m$					
齿顶厚	$s_a = d_a\left(\dfrac{\frac{\pi}{2} + 2x\tan\alpha}{z} + \mathrm{inv}\alpha - \mathrm{inv}\alpha_a\right)$					
基圆齿厚	$s_b = mz\cos\alpha\left(\dfrac{s}{mz} + \mathrm{inv}\alpha\right)$					

注：结果比较栏中，尺寸比标准齿轮大填入"+"，小填入"-"。

第3章 机械设计实验

3.1 带传动实验

3.1.1 实验目的

1）掌握转速、转矩、传动功率和传动效率等机械传动性能参数测试的基本原理和方法。

2）通过实验，了解带传动中的弹性滑动和打滑现象，及其与带传动工作能力之间的关系。

3）通过实验，观察带传动的工作情况，加深理解带传动的工作原理及力变化的情况，巩固课堂所学知识。

4）通过实验，掌握绘制表征带传动工作情况的滑动曲线和效率曲线的方法。

5）掌握确定带传动预紧力及测定预紧力的方法，了解改变带传动预紧力对带传动能力的影响。

6）了解 ZJS50 系列综合设计型机械设计实验台的基本构造及其工作原理。

3.1.2 实验要求

1）利用现有的实验设备、装置与测试仪器等，构建带传动的实验装置并绘制带传动装置的结构简图。

2）根据实验项目要求，搭建带传动的实验平台，完成带传动的实验测试。

3）观察带传动的弹性滑动及打滑现象。

4）绘制带传动的效率曲线及滑动率曲线，并按实验项目要求进行实验结果分析。

3.1.3 实验装置及其工作原理

实验装置采用 ZJS50 系列综合设计型机械设计实验台。该实验台是一种模块化、多功能、开放式的，具有工程背景的教学与科研兼用的新型机械设计综合实验装置。其主要由动力模块（库）、传动模块（库）、支承联接及调节模块（库）、加载模块（库）、测试模块（库）、工具模块（库）、控制与数据处理模块（库）等组成。通过对各模块（库）的选择及装配搭接，可实现"带传动""链传动""齿轮传动""蜗杆传动"等典型的单级机械传动装置性能测试及其他新型传动装置等的基本型实验，而且可进行多级组合机械传动装置性能测试等的基本实验，形成如"齿轮—蜗杆传动""带—齿轮传动""齿轮—链传动""带—蜗杆传动""带—齿轮—链传动"等多种组合传动系统的性能比较、布置优化等综合设计型实验，以及分析、研究相关参数变化对机械传动系统基本特性的影响，机械传动系统方案评价等研究创新型实验。

该实验台的基本组成如下：

1. 动力模块（库）

（1）Y90L-4 型电动机 额定功率为 1.5kW；同步转速为 1500r/min；额定电压下，最大转矩与额定转矩之比为 2.3。

（2）MM420-150/3 型变频器　用于控制三相交流电动机的速度；输入电压为（380～480）×(1±10%) V；功率范围为 1.5kW；输入频率为 47～63Hz；输出频率为 0～650Hz；功率因数为 0.98。控制方法：线性 V/f 控制，带磁通电流控制（FCC）的线性 V/f 控制，平方 V/f 控制，多点 V/f 控制。

2. 传动模块（库）

V 带传动：带及带轮，Z 型带。

带基准长度：900mm、1000mm、1250mm、1400mm 四种。

Z 型带轮基准直径：106mm、132mm、160mm、190mm 四种。

3. 支承联接及调节模块（库）

基础工作平台、标准导轨、专用导轨、电动机-小传感器垫块-01、电动机-小传感器垫块-02、小传感器垫块、大传感器垫块-01、大传感器垫块-02、磁粉制动器垫块、专用轴承座、新型联轴器、带轮及其张紧装置、各种规格的联接件（键、螺钉、螺栓、垫片、螺母等）等。

4. 加载模块（库）

（1）CZ-5 型磁粉制动（加载）器　额定转矩为 50N·m，励磁电流为 0.8A，允许滑差功率为 4kW。

（2）WLY-1A 型稳流电源　输入电压为 AC 220V±22V，频率为 50/60Hz；输出电流为 0～1A；稳流精度为 1%。

5. 测试模块（库）

（1）实验数据测试及处理软件　实验教学用专用软件。

（2）NJ0D 型转矩转速传感器　额定转矩为 20N·m；转速范围为 0～10000r/min；转矩测量精度为 0.1～0.2 级；转速测量精度为 ±1r/min。

（3）NJ1D 型转矩转速传感器　额定转矩为 50N·m；转速范围为 0～6000r/min；转矩测量精度为 0.1～0.2 级；转速测量精度为 ±1r/min。

（4）DT-1 机械效率仪　转矩测量范围为 0～99999N·m；转速测量范围为 0～30000r/min。

6. 工具模块（库）

配套齐全的装拆调节工具。

7. 控制与数据处理模块（库）

该实验台的控制模块、数据采集和处理模块（除传感器外）、加载模块等集中配置于一个分置式实验控制柜内。通过对被测实验传动装置的动力和数据采集、处理及加载等控制，将传感器采集的实验测试数据通过 A-D 转换器以 RS232 的方式传送到测试模块，由测控模块和计算机系统的专用实验教学软件进行实验数据分析及处理，实验结果可直接在计算机屏幕上显示，完成实验。

实验装置的基本构造框图如图 3-1 所示。实验装置的数据采集及加载原理框图如图 3-2 所示。

3.1.4 实验原理

1. 传动效率 η 及其测定方法

在机械传动中，输入功率应等于输出功率与机械内部损耗功率之和，即

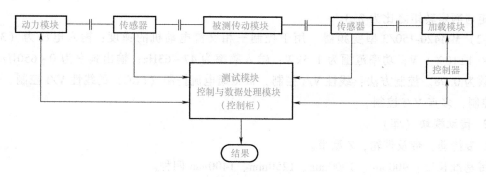

图 3-1 实验装置的基本构造框图

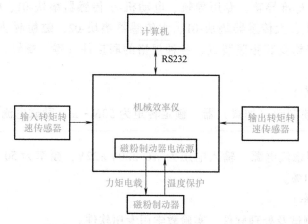

图 3-2 实验装置的数据采集及加载原理框图

$$P_i = P_o + P_f \qquad (3-1)$$

式中 P_i——输入功率（kW）；

P_o——输出功率（kW）；

P_f——损耗功率（kW）。

则传动效率 η 定义为

$$\eta = \frac{P_o}{P_i} \qquad (3-2)$$

由力学知识可知，对于机械传动，若设其传动转矩为 M，角速度为 ω，则对应的传递功率为

$$P = M\omega = \frac{2\pi n}{60 \times 1000}M = \frac{\pi n}{30000}M \qquad (3-3)$$

式中 P——传递功率（kW）；

M——作用于轴上的转矩（N·m）；

ω——轴的角速度（rad/s）；

n——轴的转速（r/min）。

则传动效率 η 可改写为

$$\eta = \frac{M_o n_o}{M_i n_i} \qquad (3-4)$$

式中 M_i、M_o——传动机械输入、输出转矩（N·m）；

n_i、n_o——传动机械输入、输出转速（r/min）。

因此，若能利用仪器测出被测传动装置的输入转矩和转速，以及输出转矩和转速，就可以通过式（3-4）计算出传动装置的传动效率 η。

在本实验中，采用转矩转速传感器来测量输入转矩和转速，以及输出转矩和转速，进而可以测出带的传动效率。

影响带传动效率 η 的几个主要因素如下：

（1）滑动损失 由带的弹性滑动造成的效率损失。

（2）滞后损失 带在运动中会产生反复伸缩、在带轮上的挠曲，使带体内产生摩擦引起效率损失。

（3）轴承的摩擦损失 轴承受带拉力作用，引起的效率损失。

（4）空气阻力引起的效率损失 高速传动时，运行中的风阻会引起转矩的损耗。

2. 带传动的弹性滑动和打滑现象、滑动率的测定

带传动是利用传动带作为挠性拉曳元件并借助带与带轮间的摩擦力来传递运动或动力的一种摩擦传动。其特点是运动平稳，噪声小，结构简单，并有缓和冲击、吸收振动的作用，在过载时带与带轮之间会发生打滑而不致破坏其他零部件，有过载保护的作用，能适用于中心距较大的工作条件。

但带传动工作时有弹性滑动，使其传动效率降低，并造成速度损失而不能保持准确的传动比；带传动的外廓尺寸大；由于工作前需要张紧，因此轴上受力较大。

带传递功率时，带的紧边与松边之间必存在拉力差。由于带是弹性体，当带从紧边转到松边时，由于其拉力减小，带要产生弹性收缩，使得带与带轮之间发生相对滑动。反之，当带从松边转到紧边时，由于其拉力增大，带要产生弹性伸长，也使得带与带轮之间发生相对滑动。这种由带的弹性变形引起的局部带在带轮上的局部接触弧面上产生的微量相对滑动称为弹性滑动。

弹性滑动是带传动中不可避免的物理现象，从带传动运动一开始就存在，是带传动的固有特性。

通常以滑动率 ε 来表示速度的损失程度。

$$\varepsilon = \frac{v_1 - v_2}{v_1} \times 100\% = \frac{n_1 D_1 - n_2 D_2}{n_1 D_1} \times 100\% \tag{3-5}$$

式中 v_1、v_2——主动轮、从动轮的圆周速度（m/s）；

n_1、n_2——主动轮、从动轮的转速（r/min）；

D_1、D_2——主动轮、从动轮的直径（m）。

因此，只要能测得带传动主、从动轮的转速以及带轮直径，就可以通过式（3-5）计算出带传动滑动率 ε。

带传动的滑动率 ε 通常为 $1\% \sim 2\%$；当 $\varepsilon > 3\%$ 时，带传动将开始打滑。

滑动角随着带传递圆周力的增大而增大，当带所传递的圆周力超过了带与带轮之间的最大摩擦力（即最大有效拉力）时，滑动角扩大到全部包角，此时打滑发生，即打滑是整个带在带轮的全部接触弧面上发生的显著相对滑动。打滑时带的磨损加剧，传动效率急剧下降，从动轮转速急剧降低甚至停止运动，带与带轮的工作面急剧磨损，带的工作面温度由于摩擦而上升，致使传动失效。但它是可以避免的，而且必须避免。打滑将造成带的严重磨损并使带的运动处于不稳定状态。

带传动的主要失效形式是带的磨损、疲劳破坏和打滑。带的磨损是由带与带轮间的弹性滑动引起的，是不可避免的。带的疲劳破坏是由带在工作中所受的交变应力引起的，其与带传动的载荷大小、工作状况、运行时间、带轮直径等因素有关，它也是不可避免的。带的打滑是由于载荷超过带的极限工作能力而产生的，是可以避免的。

3. 带的预紧力控制

（1）带的预紧力对传动能力、寿命和压轴力的影响　带的预紧力与带的传动能力及带的寿命有很大的关系。预紧力不足，传递载荷的能力降低，效率低且使小带轮急剧发热，带磨损；预紧力过大，则会使带的寿命降低，轴和轴承上的载荷增加，轴承发热与磨损。因此，需要对带的预紧力进行控制。

（2）预紧力大小的确定　为了达到对带的疲劳强度和使用寿命的控制，保证其传动能力，满足设计要求，必须对预紧力的大小进行准确的计算。

单根 V 带的预紧力 F_0（单位：N）的计算公式为

$$F_0 = 500\left(\frac{2.5}{K_\alpha} - 1\right)\frac{P_d}{zv} + mv^2 \tag{3-6}$$

式中　K_α——小带轮包角修正系数；

　　　P_d——设计功率（kW）；

　　　z——V 带根数；

　　　m——V 带的质量（kg/m）；

　　　v——带速（m/s）。

（3）带的预紧力控制　在带传动中，为了测定预紧力 F_0，通常在带与两带轮的切点跨距的中点 M 处加上一个垂直于两轮上部外公切线的适当载荷 G，使带沿跨距每长 100mm 产生 1.6mm 的挠度 y（即挠角为 1.8°）来控制的，如图 3-3 所示，a 为中心距（mm）。

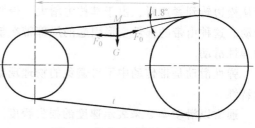

图 3-3　带传动预紧力的控制

图 3-3 中切边长 t 可以实测，或利用下式计算

$$t = \sqrt{a^2 - \frac{(D_2 - D_1)^2}{4}} \tag{3-7}$$

切边长 t 在载荷 G 的作用下产生的挠度 f 为

$$f = \frac{1.6t}{100} \tag{3-8}$$

标准 G（单位为 N）的大小可以通过公式计算

① 新安装的 V 带

$$G = \frac{1.5F_0 + \Delta F_0}{16}$$

② 运转后的 V 带

$$G = \frac{1.3F_0 + \Delta F_0}{16}$$

式中　ΔF_0 为预紧力的修正值，见表 3-1。

表 3-1 V 带的预紧力修正值 ΔF_0

带型		$\Delta F_0/N$
普通 V 带	Y	6
	Z	10
	A	15
	B	20
	C	29
	D	59
	E	100

G 值可以参考表 3-2,其中 G 值的上限用于新 V 带。

表 3-2 测定预紧力所需载荷 G (N/根)

带型		小带轮直径 D_1/mm	带速 v/(m/s)		
			0~10	10~20	20~30
普通 V 带	Z	50~100	5~7	4.2~6	3.5~5.5
		>100	7~10	6~8.5	5.5~7
	A	75~140	9.5~14	8~12	6.5~10
		>140	14~21	12~18	10~15
	B	125~200	18.5~28	15~22	12.5~18
		>200	28~42	22~33	18~27
	C	200~400	36~54	30~45	25~38
		>400	54~85	45~70	38~56
	D	355~600	74~108	62~94	50~75
		>600	108~162	94~140	75~108
	E	500~800	145~217	124~186	100~150
		>800	217~325	186~280	150~225

3.1.5 实验步骤

1)绘制带传动系统实验方案的传动装置简图,列举要检测的实验参数或物理量,选择、配备所需实验设备和仪器、仪表(包括种类、名称、规格型号、量程、精度等)。

2)制订具体的实验方案、实验步骤,熟悉并掌握实验设备性能和仪器仪表的使用方法。

3)按照分组要求选定实验带及带轮,按照电动机→输入端转矩转速传感器→小带轮→大带轮→输出端转矩转速传感器→制动器的顺序搭建传动实验台的各部分结构,并观察相关实验台的各部分结构,用手转动被测传动装置,检查其是否转动灵活及有无阻滞现象。检查实验平台上各设备、电路及各测试仪器间的信号线是否连接可靠。

4)打开效率仪开关,选择【联机操作】,双击运行计算机桌面上的应用程序,进入软件测试主界面,单击【参数设置】设置"扭矩[⊖]传感器参数"、"实验选择"、"实验参数"。

⊖ "扭矩"应为"转矩",此处为与软件统一仍使用"扭矩"。

单击【数据采样】，进入数据采样界面。

5）起动主电动机进行实验数据测试。起动控制面板上【主电机】（注意人员安全），旋转到【工频】位置，此时效率仪上主动轮和从动轮有转速。

6）系统调零。当显示数据稳定后，单击系统界面上的【设置零点】，系统界面上的【输出扭矩】、【输出功率】显示为零。

7）打开加载开关，单击【连续采样】同时旋转加载旋钮，测试系统将自动采集数据，生成效率曲线和滑动率曲线，再次单击【连续采样】或按下键盘上的【Page Down】键结束采样，单击【打印预览】系统会在 Word 中自动生成实验报表。

8）实验完成后，关闭【主电机】、加载开关、效率仪开关，单击【退出系统】退出综合设计型机械效率测试软件。

9）根据实验要求，需对实验数据进行整理，按一定格式编写实验报告并交由实验指导教师批阅。

3.1.6 实验注意事项

1）树立严肃认真、一丝不苟的工作精神，掌握正确的实验方法，养成良好的实验习惯，爱护公共设备与财务。

2）本实验属于实用工业实验，且为了便于操作，对实验系统未采用隔离防护措施，因此在实验过程中，操作人员必须注意自身安全。

3）实验前必须仔细阅读有关仪器、仪表的使用说明书，严格遵守实验室的规章制度及执行操作规程，注意保持实验的环境整洁。

4）实验测量应从空载开始，无论进行何种实验，均应先起动电动机，后施加载荷，严禁先加载后开机。

5）在实验过程中，当遇电动机及其他设备等转速突然下降或者出现不正常的噪声、振动和温升时，必须卸载或紧急停机，以防电动机突然转速过高，烧坏电动机、设备及发生其他意外事故。

6）实验系统安装完毕，首先应进行自查，而后经教师确认无误后方可通电开机。

7）实验结束后应整理全部仪器、装置与附件，并回复原位。

3.1.7 实验测试操作

ZJS50 系列综合设计型机械效率测试软件的实验测试操作如下：

运行计算机桌面上的应用程序，进入综合设计型机械效率测试软件主界面，主要包括【数据采样】、【参数设置】、【数据查询】、【设备调试】四个板块，如图 3-4 所示。

按给定条件和实验要求，设计、组装好实验台。

1）打开效率仪开关（测试过程中不可关闭此开关），选择【联机操作】，效率仪面板如图 3-5 所示。

图 3-4 综合设计型机械效率测试软件的四个板块

2）运行实验台测试软件，进入测试软件主界面，如图 3-6 所示。

3）单击【串口设置按钮】 ，首先根据实际情况进行串口选择，然后进行波特率、数据位、奇偶校验位、停止位的设置，如图 3-7 所示。设置完串口后，单击 完成设置并保存。

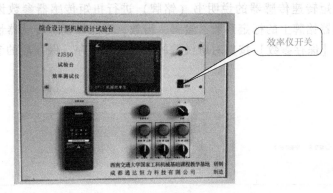

图 3-5　效率仪面板

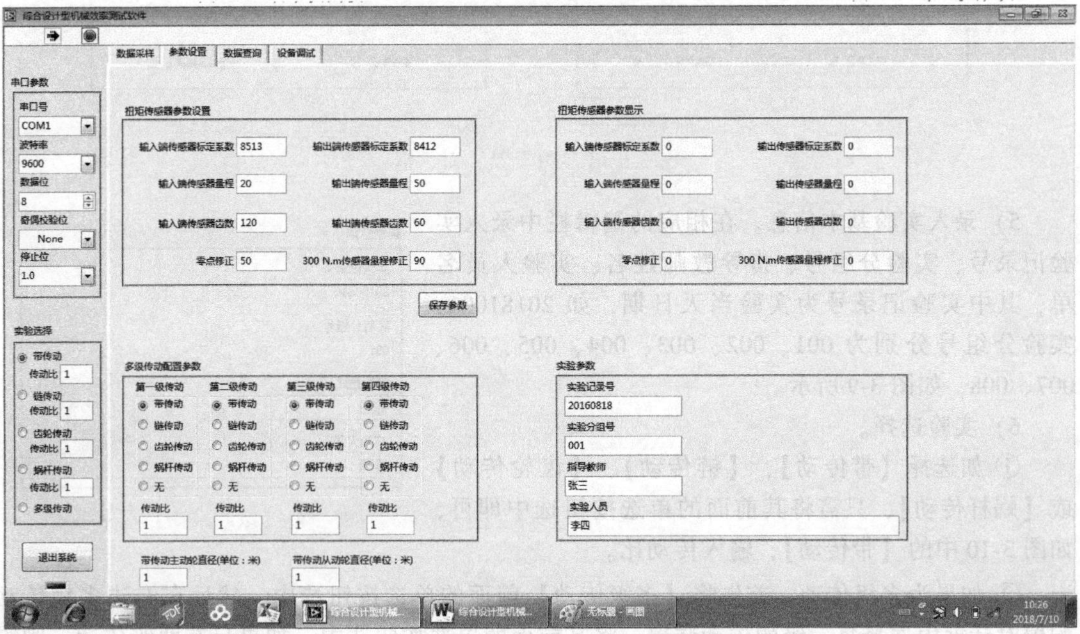

图 3-6　测试软件主界面

图 3-7　串口参数设置

4) 单击【参数设置】，进入【参数设置】对话框，如图 3-8 所示。

根据使用的扭矩转速传感器的说明书（铭牌）进行扭矩传感器参数设置，读取输入、输出扭矩转速传感器铭牌上的标定系数、量程、齿数，零点修正、传感器量程修正的设置如图 3-8 所示。单击【保存参数】按钮对所设置的参数进行保存，保存后的参数如图 3-8 中右边所示。

图 3-8 【参数设置】对话框

5）录入实验基本信息。在相应的编辑栏中录入实验记录号、实验分组号、指导教师姓名、实验人员名单，其中实验记录号为实验当天日期，如 20181001，实验分组号分别为 001、002、003、004、005、006、007、008，如图 3-9 所示。

6）实验选择。

① 如选择【带传动】、【链传动】、【齿轮传动】或【蜗杆传动】，只需将其前面的单选按钮选中即可，如图 3-10 中的【带传动】，输入传动比。

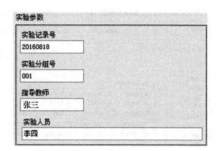

图 3-9 【实验参数】对话框

② 如果为多级传动，首先将【多级传动】前面的单选按钮选中，然后在右边多级传动配置对话框中选择每一级的传动装置，将其前面的单选按钮选中，如果只有两级传动，则第三级、第四级传动选择【无】。

注意：带传动要输入主动带轮和从动带轮直径。

7）数据采集。

① 单击【数据采样】，进入数据采样界面，在此界面下方选择 Y 轴坐标为【效率】，带传动要多选择一个【滑动率】，量程默认为 "1"，并将此界面右下角 X 轴坐标选择【输入扭矩】，量程设置为 "25"（根据每组传动参数不同，量程设置也有所不同）。

② 完成上述操作后，起动控制面板上【主电机】（注意人员安全），旋转到【工频】位置，此时效率仪上主动轮和从动轮有转速。

③ 当显示数据稳定后，单击系统界面上的【设置零点】，系统界面上的【输出扭矩】、【输出功率】显示为零。

④ 打开加载开关，单击【连续采样】同时旋转加载旋钮，测试系统将自动采集数据，生成各种曲线（效率曲线和滑动率曲线，见图 3-11），再次单击【连续采样】或按下键盘上的【Page Down】键结束采样，单击【打印预览】系统会在 Word 中自动生成实验报表，

打印数据。

若如再次进行试验，需先将加载旋钮█反向旋转至零位，单击【清空数据】，再次按第③④步操作即可。

如若需要进行变频采集，则需要在改变变频器频率后单击【变频采样】，再单击【设为零点】最后进行数据采集。

8）实验数据采集完后，单击【保存数据】就将本次实验数据保存下来了。单击【数据查询】就可以在数据文件列表里找到所需文件，单击【打开文件】就可以打开保存的数据。

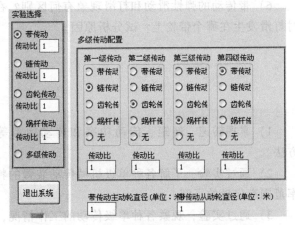

图 3-10 【实验选择】对话框

9）实验完成后，关闭【主电动机】、加载开关 █、效率仪开关，单击【退出系统】即可退出综合设计型机械效率测试软件。

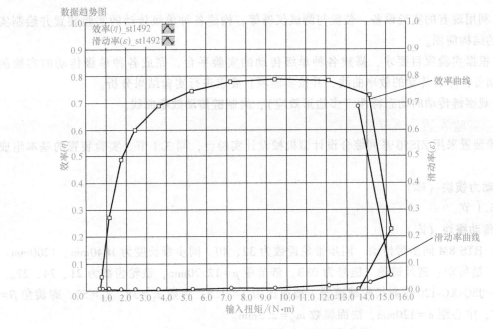

图 3-11 带传动实验效率和滑动率曲线

3.1.8 思考题

1）影响带传动的弹性滑动与传动能力的因素有哪些？对传动有何影响？

2）带传动的弹性滑动现象与打滑有何区别？它们产生的原因是什么？

3）引起带传动打滑的原因是什么？可以避免吗？为什么？采用何种防止措施？

4）带传动的初拉力大小对传动能力有何影响？最优初拉力的确定与什么因素有关？影响带传动能力的因素还有哪些？

5）带传动在什么情况下才发生打滑？打滑一般发生在大轮上还是小轮上？为什么？刚开始打滑前，紧边拉力与松边拉力之间的关系是什么？

6）带传动的弹性滑动和打滑现象有何区别？在传动中哪一种现象可以避免？当 $D_1 < D_2$ 时打滑发生在哪个带轮上？试分析原因。

3.2 啮合传动实验

3.2.1 实验目的

1）掌握转速、转矩、传动功率和传动效率等机械传动性能参数测试的基本原理和方法。

2）通过实验，了解各种单级机械传动装置的特点，对各种单级机械传动装置的传动功率范围有定量的了解。

3）通过实验，观察各种单级传动的工作情况，加深理解各种单级传动的工作原理及力的变化情况，巩固课堂所学知识。

4）通过实验，掌握绘制表征各种单级传动工作情况的效率曲线的方法。

5）通过实验，了解链传动的动态特性（多边效应）及其对链传动的影响。

6）了解 ZJS50 系列综合设计型机械设计实验台的基本构造及其工作原理。

3.2.2 实验要求

1）利用现有的实验设备、装置与测试仪器等，构建各种单级传动的实验装置并绘制实验装置的结构简图。

2）根据实验项目要求，搭建各种单级传动的实验平台，完成各种单级传动的实验测试，绘制各种单级传动的效率曲线，并按实验项目要求进行实验结果分析。

3）观察链传动的动态特性（多边形效应），绘制链传动效率曲线。

3.2.3 实验装置及其工作原理

实验装置采用 ZJS50 系列综合设计型机械设计实验台，同 3.1 节。实验装置的基本组成如下：

1. 动力模块（库）

同 3.1 节。

2. 传动模块（库）

（1）HTS 8M 同步带传动　同步带轮齿数为 32、40，同步带长度为 1040mm、1200mm。

（2）链传动：链及链轮　链号为 08B，链节距 $p = 12.70mm$，链轮齿数为 21、24、27。

（3）JSQ-XC-120 型斜齿轮减速器　减速比为 1:1.5，齿数 $z_1 = 38$、$z_2 = 57$，螺旋角 $\beta = 8°16'38''$，中心距 $a = 120mm$，法面模数 $m_n = 2.5mm$。

（4）NRV063 型蜗杆减速器　蜗杆类型为 ZA，轴向模数 $m = 3.250mm$，蜗杆头数 $z_1 = 4$，蜗轮齿数 $z_2 = 30$，减速比为 1:7.5，中心距 $a = 63mm$；松开弹簧卡圈可改变输出轴的方向。

3. 支承联接及调节模块（库）

基础工作平台、标准导轨、专用导轨、电动机-小传感器垫块-01、电动机-小传感器垫块-02、小传感器垫块、大传感器垫块-01、大传感器垫块-02、蜗杆垫块-01、蜗杆垫块-02、磁粉制动器垫块、专用轴承座、新型联轴器、同步带轮和链轮及其张紧装置、各种规格的联接件（键、螺钉、螺栓、垫片、螺母等）等。

4. 加载模块（库）

同 3.1 节。

5. 测试模块（库）

同 3.1 节。

6. 工具模块（库）

配套齐全的装拆调节工具。

7. 控制与数据处理模块（库）

同 3.1 节。

实验装置的基本构造框图参见图 3-1。实验装置的数据采集及加载原理框图参见图 3-2。

3.2.4 实验原理

输入功率、传递功率和传动效率 η 的公式同式（3-1）~式（3-4）。

因此，若能利用仪器测出被测传动装置的输入转矩和转速，以及输出转矩和转速，就可以通过式（3-4）计算出传动装置的传动效率 η。

在本实验中，采用转矩转速传感器来测量输入转矩和转速以及输出转矩和转速，进而可以测出各种单级传动的传动效率。

3.2.5 实验步骤

1）绘制啮合传动系统实验方案的传动装置简图，列举要检测的实验参数或物理量，选择、配备所需实验设备和仪器、仪表（包括种类、名称、规格型号、量程、精度等）。

2）制订具体的实验方案、实验步骤，熟悉并掌握实验设备性能和仪器仪表的使用方法。

3）按照分组要求选定各种单级传动装置，按照电动机→输入端转矩转速传感器→同步带传动（或链传动、斜齿轮减速器、蜗杆减速器）→输出端转矩转速传感器→制动器的顺序搭建传动实验台的各部分结构，并观察相关实验台的各部分结构，用手转动被测传动装置，检查其是否转动灵活及有无阻滞现象。检查实验平台上各设备、电路及各测试仪器间的信号线是否连接可靠。

4）打开效率仪开关，选择【联机操作】，双击运行计算机桌面上的应用程序，进入软件测试主界面，单击【参数设置】设置扭矩传感器参数、实验选择、实验参数。单击【数据采样】，进入数据采样界面。

5）起动主电动机进行实验数据测试。起动控制面板上【主电机】（注意人员安全），旋转到【工频】位置，此时效率仪上主动轮和从动轮有转速。

6）系统调零。当显示数据稳定后，单击系统界面上的【设置零点】，系统界面上的【输出扭矩】、【输出功率】显示为零。

7）打开加载开关，单击【连续采样】同时旋转加载旋钮，测试系统将自动采集数据，生成效率曲线和滑动率曲线，再次单击【连续采样】或按下键盘上的【Page Down】键结束采样，单击【打印预览】系统会在 Word 中自动生成实验报表。

8）实验完成后，关闭【主电机】、加载开关、效率仪开关，单击【退出系统】退出综合设计型机械效率测试软件。

9）根据实验要求，需对实验数据进行整理，按一定格式编写实验报告并交由实验指导教师批阅。

3.2.6 实验注意事项

同 3.1 节。

3.2.7 实验测试操作

同本章 3.1 节中 ZJS50 系列综合设计型机械效率测试软件实验测试操作。

3.2.8 思考题

1）啮合传动装置的效率与哪些因素有关？为什么？

2）啮合传动中各种传动类型各有什么特点？其应用范围如何？

3）通过实验，比较带传动与链传动的主要特点及应用范围。

4）通过实验，讨论摩擦传动与啮合传动的主要特性如何。

3.3 机械传动系统设计及系统参数测试实验

3.3.1 实验目的

1）了解、掌握综合机械传动系统的基本特性以及实验的测试原理与方法，提高综合设计实验的能力。

2）根据给定的实验内容、设备及条件，培养学生的工程实践能力、科学实验能力、创新能力、动手能力及团队工作能力，摆脱过分依赖教师、书本的封闭式被动学习局面。

3）根据实验项目的要求，进行有关机械传动系统及其组成等机械传动实验方案的创意设计，完成实验装置的设计、搭建、组装及调试，实验数据采集与实验结果分析等实验内容。

4）了解机械传动系统的设计方法，熟悉并掌握有关仪器、仪表的工作原理和使用方法。

5）掌握 ZJS50 系列综合设计型机械设计实验台在现代化实验测试手段方面的新方法，培养进行综合设计型机械设计实验的能力。

3.3.2 实验要求

1）根据实验项目要求，提出科学的、详细可行的实验方案（包括实验内容、原理和方法以及所需的实验仪器与设备）。

2）利用现有的实验设备、装置与测试仪器等，构建能进行上述实验项目的实验装置并绘制实验装置的结构简图。

3）根据实验项目要求，搭建实验平台，完成实验测试，绘制机械系统的效率曲线，并按实验项目要求进行实验结果分析。

3.3.3 实验装置及其工作原理

实验装置采用 ZJS50 系列综合设计型机械设计实验台，同 3.1 节。实验装置的基本组成如下：

1. 动力模块（库）

同 3.1 节。

2. 传动模块（库）

（1）V 带传动 带及带轮，Z 型带。

Z 型带基准长度：900mm、1000mm、1250mm、1400mm 四种。

Z 型带轮基准直径：106mm、132mm、160mm、190mm 四种。

（2）HTS 8M 同步带传动 同步带轮齿数为 32、40，同步带长度为 1040mm、1200mm。

（3）链传动 链及链轮，链号为 08B，链节距 $p = 12.70$mm，链轮齿数为 21、24、27。

（4）JSQ-XC-120 型斜齿轮减速器 减速比为 1∶1.5，齿数 $z_1 = 38$、$z_2 = 57$，螺旋角 $\beta = 8°16'38''$，中心距 $a = 120$mm，法面模数 $m_n = 2.5$mm。

（5）NRV063 型蜗杆减速器 蜗杆类型 ZA，轴向模数 $m = 3.250$mm，蜗杆头数 $z_1 = 4$，

蜗轮齿数 $z_2 = 30$，减速比为 1：7.5，中心距 $a = 63mm$；松开弹簧卡圈可改变输出轴的方向。

3. 支承联接及调节模块（库）

基础工作平台、标准导轨、专用导轨、电动机-小传感器垫块-01、电动机-小传感器垫块-02、小传感器垫块、大传感器垫块-01、大传感器垫块-02、蜗杆垫块-01、蜗杆垫块-02、磁粉制动器垫块、专用轴承座、新型联轴器、带轮及链轮张紧装置、各种规格的联接件（键、螺钉、螺栓、垫片、螺母等）等。

4. 加载模块（库）

同 3.1 节。

5. 测试模块（库）

同 3.1 节。

6. 工具模块（库）

配套齐全的装拆调节工具。

7. 控制与数据处理模块（库）

同 3.1 节。

实验装置的基本构造框图和实验装置的数据采集及加载原理框图分别参见图 3-1 和图 3-2。

3.3.4　实验原理

同 3.1 节。

因此，若能利用仪器测出被测传动装置的输入转矩和转速，以及输出转矩和转速，就可以通过式（3-4）计算出传动装置的传动效率 η。

在本实验中，采用转矩转速传感器来测量输入转矩和转速以及输出转矩和转速，进而可以测出传动系统的传动效率。

3.3.5　实验步骤

1）根据实验题目计算并配置每一级传动的减速器。

2）绘制传动系统实验方案的传动装置简图（各图形符号见图 3-12），列举要检测的实验参数或物理量，选择、配备所需实验设备和仪器、仪表（包括种类、名称、规格型号、量程、精度等）。

3）制订具体的实验方案、实验步骤，熟悉并掌握实验设备性能和仪器仪表的使用方法。

4）将传动装置简图、实验方案、实验步骤等实验准备资料面呈指导教师检查、审定。指导教师可就其提出质疑，同时，对学生关于仪器、仪表的熟悉和掌握程度等进行检查提问，并视具体情况决定是否可进行下一阶段工作。

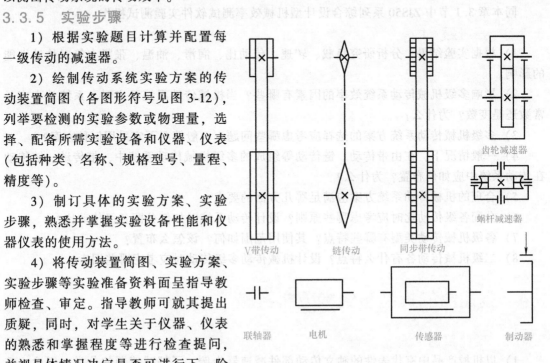

图 3-12　各种图形符号

5）学生的实验准备工作在通过检查审定之后，按照电动机→输入端转矩转速传感器→第一级传动形式→第二级传动形式→输出端转矩转速传感器→制动器的顺序搭建传动实验台的各部分结构，并观察相关实验台的各部分结构，用手转动被测传动装置，检查其是否转动灵活及有无阻滞现象。检查实验平台上各设备、电路及各测试仪器间的信号线是否连接可靠。

6）打开效率仪开关，选择【联机操作】，双击运行计算机桌面上的应用程序，进入软件测试主界面，单击【参数设置】设置扭矩传感器参数、实验选择、实验参数。单击【数据采样】，进入数据采样界面。

7）起动主电动机进行实验数据测试。起动控制面板上【主电机】（注意人员安全），旋转到【工频】位置，此时效率仪上主动轮和从动轮有转速。

8）系统调零。当显示数据稳定后，单击系统界面上的【设置零点】，系统界面上的【输出扭矩】、【输出功率】显示为零。

9）打开加载开关，单击【连续采样】同时旋转加载旋钮，测试系统将自动采集数据，生成效率曲线和滑动率曲线，再次单击【连续采样】或按下键盘上的【Page Down】键结束采样，单击【打印预览】系统会在 Word 中自动生成实验报表。

10）实验完成后，关闭【主电机】、加载开关、效率仪开关，单击【退出系统】退出综合设计型机械效率测试软件。

11）根据实验要求，需对实验数据进行整理，按一定格式编写实验报告并交由实验指导教师批阅。

3.3.6 实验注意事项
同 3.1 节。

3.3.7 实验测试操作
同本章 3.1 节中 ZJS50 系列综合设计型机械效率测试软件实验测试操作。

3.3.8 思考题
1）根据实验结果，分析研究负载、转速、传动比、润滑、油温、张紧力等对传动性能的影响。

2）影响多级机械传动系统效率的因素有哪些？当机械传动系统已定时，系统效率应是常数还是变数？为什么？

3）多级机械传动系统方案的选择应考虑哪些问题？一般情况下宜采用何种方案？

4）一般情况下，在由带传动、链传动等组成的多级机械传动系统中，带传动、链传动在传动系统中应如何布置？为什么？

5）合理的机械传动系统方案应满足哪几方面的要求？

6）分配各级传动比时应考虑哪些原则？设计传动系统时如何分配各级传动比？

7）各级机械传动类型有哪些特点？其使用范围如何？该怎么布置？

8）二级机械传动各有什么特点？设计机械传动多级传动时应考虑哪些因素？

3.4 减速器的拆装与结构分析实验

3.4.1 实验目的
1）以机械产品中有代表性的独立传动部件减速器为例，了解减速器的分类、用途、整体结构和设计布局。

2）掌握减速器主要零部件拆卸、装配和调整的方法与步骤。

3）了解常见减速器的结构、各零件的形状和功用及其正确的装配工艺和方法。

4）了解减速器中各种传动件的啮合情况、轴承游隙的测量和调整方法，以及主要零部件的润滑、冷却和密封情况等。

5）了解轴承、轴上零部件的固定和调整方法，了解轴上零件的定位方式、轴系与箱体的定位方式。

6）通过对不同类型减速器的分析比较，加深对机械零部件结构设计的感性认识，为后续机械零部件设计打好基础。

3.4.2 实验要求

1）外部感知，确定减速器的类型，箱体结构特点，各个附件所处的位置，结构及其功用，扳手空间，凸台位置，加强筋的布置。

2）内部感知，打开箱盖后，观察分析如下内容：

① 掌握轴、轴承及齿轮的结构特点。

② 掌握齿轮润滑方式、轴承润滑方式、冷却及密封。

③ 熟悉轴承盖结构及轴承座刚度的保证措施。

④ 掌握轴上零件的定位方式、拆装顺序及调整方式。

⑤ 熟悉减速器主要零部件及整机的装配工艺。

⑥ 测量齿轮传动副啮合时的齿侧间隙。

⑦ 绘制减速器的传动装置简图。

3）测量减速器的中心距、中心高、箱体外廓尺寸、地脚螺栓孔距、轴承代号及数量、齿轮模数。

3.4.3 实验装置和工具

1）拆装用各种典型齿轮减速器实物。

2）观察、比较用减速器：单级直齿圆柱齿轮减速器、二级直齿圆柱齿轮减速器、锥齿轮减速器、蜗杆减速器、无级变速器。

3）活扳手、锤子、铜棒、钢直尺、铅丝、轴承拆卸器、游标卡尺、百分表及表架。

4）煤油若干量、油盘若干只。

3.4.4 减速器的类型与结构

减速器是一种由封闭在刚性壳体内的齿轮传动、蜗杆传动或齿轮-蜗杆传动所组成的独立部件，常用在动力机与工作机之间作为减速的传动装置，以适应工作机的需要。减速器结构紧凑、传动效率高、传递运动准确可靠、使用维护方便、可成批量生产，在现代机器中应用广泛。

减速器的类型很多，实验用减速器的主要形式见表3-3。

在圆柱齿轮减速器中，按齿轮传动级数可分为单级、二级和多级。当传动比在8以下时，可采用单级圆柱齿轮减速器，当传动比大于8时最好采用二级（$i=8\sim40$）和多级（$i>40$）圆柱齿轮减速器。

二级和二级以上的圆柱齿轮减速器的传动布置形式有展开式、分流式和同轴式三种形式。展开式圆柱齿轮减速器最简单，但齿轮两侧的轴承不是对称布置的，将使载荷沿齿宽分布不均匀，且使两边的轴承受力不等。展开式圆柱齿轮减速器多用于载荷平稳的场合。分流式圆柱齿轮减速器，由于齿轮两侧的轴承对称布置，而且载荷较大的低速级又正好位于两轴承中间，所以载荷沿齿宽的分布情况显然比展开式的好，多用于变载荷的场合。同轴式圆柱

表 3-3　实验用减速器主要形式

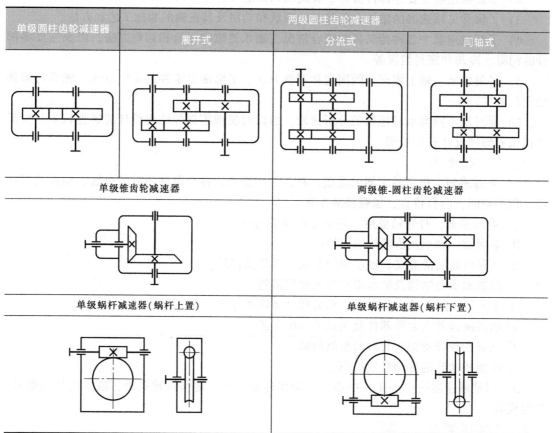

单级圆柱齿轮减速器	两级圆柱齿轮减速器		
	展开式	分流式	同轴式

齿轮减速器的输入轴和输出轴位于同一轴线上，箱体长度较短，但是这种减速器的轴向尺寸和重量较大，且中间轴较长，容易使载荷沿齿宽分布不均匀，用于原动机与工作机同轴的特殊工作场合。

　　圆柱齿轮减速器在所有减速器中应用最广，它传递功率的范围可从很小至 40000kW，圆周速度也可以从很低至 60m/s，甚至高达 150m/s。

　　锥齿轮减速器用于输入轴和输出轴位置布置成相交的场合。二级和二级以上的锥齿轮减速器通常由锥齿轮传动和圆柱齿轮传动组成，有时称为"锥-圆柱齿轮减速器"。因为锥齿轮常常是悬臂装在轴端的，所以为了使受力小些，常将锥齿轮作为高速级。

　　蜗杆减速器主要用于传动比较大的场合，蜗杆传动结构紧凑、轮廓尺寸小。由于效率较低，蜗杆减速器不宜应用在长期连续使用的动力机械中。蜗杆减速器又可分为蜗杆上置式和蜗杆下置式：蜗杆圆周速度小于 4m/s 时最好采用蜗杆下置式，这时在啮合处能得到良好的润滑和冷却；当蜗杆圆周速度大于 4m/s 时，为避免搅油太严重、发热过多，最好采用蜗杆上置式。

　　减速器的结构随其类型和要求的不同而异，一般由齿轮、轴、轴承、箱体和附件等组成。图 3-13 为单级圆柱齿轮减速器的结构图。

　　箱体为剖分式结构，由箱盖和箱座组成，其剖分面则通过齿轮轴线平面。剖分面的粗糙度应小于 $Ra6.3\mu m$。为了容易拆卸箱盖，在剖分面处的一个凸缘上加工有螺纹孔，以便拧进螺钉时将箱盖顶起来。箱体应有足够的强度和刚度，以避免受载后变形过大而影响传动质量，除适当的壁厚外，还要在轴承座孔处设加强筋以增加支承刚度。

　　一般先将箱盖与箱座的剖分面加工平整，合拢后用螺栓联接并以定位销定位，找正后加工轴承孔。对支撑同一轴的轴承孔应一次镗出。装配时，在剖分面上不允许用垫片，否则将不能保证轴承孔的圆度误差在允许范围内。

　　箱盖与箱座用一组螺栓联接，并且螺栓应布置合理，安装螺栓的凸台处应留有扳手空间。为保证轴承孔的联接刚度，轴承座安装螺栓处做出凸台，在轴承附近的螺栓要稍大些并尽量靠近轴承座孔。

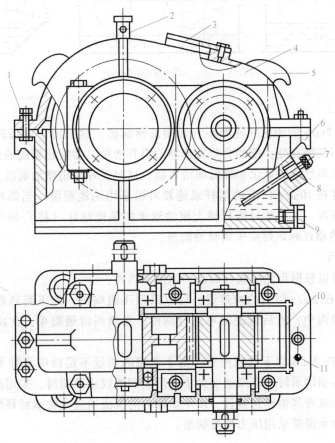

图 3-13　单级圆柱齿轮减速器的结构图

1—起盖螺钉　2—通气器　3—视孔盖　4—箱盖　5—吊耳　6—吊钩　7—箱座
8—油标尺　9—油塞　10—油沟　11—定位销

　　为便于箱盖与箱座加工及安装定位，在剖分面的长度方向两端各有一个定位圆锥销。在箱盖上备有用于观察齿轮或蜗杆蜗轮的啮合情况用的窥视孔，窥视孔盖上装有通气器，便于排出箱体内的热空气，使箱体内外气压平衡，否则易造成漏油。为拆卸方便，箱盖上设有起重吊耳或吊环螺钉，以便于提取箱盖。在箱座上则常设有为搬运整台减速器用的起重吊钩。

　　箱座上设有油标尺用来检查箱内油池的油位。最低处设置有油塞，以便排净污油和清洗箱体内腔底部。箱座与基座用地脚螺栓联接，地脚螺栓孔端制成沉孔，并留出扳手空间。

3.4.5　减速器的润滑与密封

1. 传动的润滑

　　圆周速度 $v \leqslant 12\mathrm{m/s}$ 的齿轮减速器广泛采用浸油润滑，自然冷却，为了减少齿轮运转的阻力和油的温度，浸入油中的齿轮深度以 1~2 个全齿高为宜。在多级减速器中应尽量使各级传动浸入油中且深度近于相等。如果发生低速级齿轮浸油太深的情况（图 3-14a），为了降低其深度可以将高速级齿轮用惰轮蘸油润滑（图 3-14b），或将箱盖和箱座的剖分面做成倾斜的（图 3-14c）。

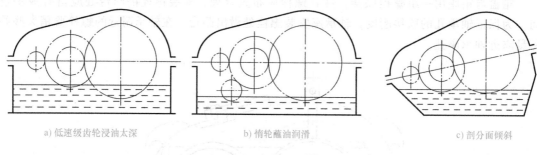

a) 低速级齿轮浸油太深　　　　　b) 惰轮蘸油润滑　　　　　c) 剖分面倾斜

图 3-14　浸油润滑

圆周速度 $v>12m/s$ 的齿轮减速器不宜采用油池润滑，这是由于由齿轮带上的油会被离心力甩出去而送不到啮合处；搅油会使减速器的温升增加，会搅起箱底的油泥，加速齿轮和轴承的磨损，加速润滑油的氧化和降低润滑性能，这时最好采用喷油润滑。

蜗杆圆周速度在 10m/s 以下的蜗杆减速器可以采用油池润滑。当蜗杆下置时，油位应低于蜗杆螺纹的根部，不应超过蜗杆轴上滚动轴承的最低滚珠（柱）的中心。蜗杆圆周速度在 10m/s 以上的蜗杆减速器应采用喷油润滑。

2. 轴承的润滑

轴承的润滑可以根据齿轮或蜗杆的圆周速度来选择：

1）圆周速度在 2m/s 以上的减速器，可以采用飞溅润滑，把飞溅到箱盖上的油汇集到箱体剖分面上的油沟中，然后流进轴承进行润滑。飞溅润滑最简单，在减速器中应用最为常见。

2）圆周速度在 2m/s 以下的减速器，由于飞溅的油量不足以满足轴承的需要，最好采用刮油润滑，或根据轴承转动座圈速度大小选用脂润滑或滴油润滑。采用脂润滑时，应在轴承内侧设置挡油环或者其他密封装置，以免油池内的润滑油进入轴承稀释润滑脂。

转速很高的轴承需要采用压力喷油润滑。

3. 密封

减速器需密封的部位很多，可根据不同的工作条件和使用要求选择不同的密封结构。

轴承的密封是为了阻止润滑剂从轴承中流失，也为了防止灰尘、水分和其他杂物进入轴承，如果没有合理密封将大大影响轴承的工作寿命。密封装置可分为接触式密封和非接触式密封。接触式密封只能用于线速度较低的场合，而非接触式密封不受速度的限制。接触式密封有毛毡圈密封、密封圈密封两种；非接触式密封有间隙密封、迷宫式密封、甩油密封三种。

箱体接合面的密封通常于装配时在箱体接合面上涂密封胶或硅酸钠（俗称水玻璃）。

3.4.6　实验步骤

1）实验前应认真阅读教材及课程设计指导书中的相关内容，如滚动轴承组合设计、轴的结构设计等。

2）在拆装减速器前，仔细观察减速器外面各部分的结构，判断减速器的类型。

① 观察附件（如吊耳、吊钩、定位销、起盖螺钉、游标尺、油塞、窥视孔盖和通气器等）的类型、结构及布置，了解其作用（特别是定位销的作用）。图 3-15 为单级圆柱齿轮减速器组成图。

② 观察各联接螺栓的类型、布置方式和位置。

③ 观察箱体、箱盖的结构形式，加强筋的布置方式和位置。

④ 仔细观察轴承座的结构形状，了解底座结构以及地脚螺栓的布置方式和位置。

⑤ 用扳手拆下观察孔盖，考虑观察孔位置是否恰当，大小是否合适。

⑥ 测量箱体外廓尺寸、地脚螺栓孔距。

3）拆卸箱盖。

① 用扳手拆下轴承端盖旁的紧定螺钉。

② 用扳手（或套筒扳手）拆卸上、下箱体之间的联接螺栓，拆下定位销，同时将螺钉、螺栓、垫圈、螺母和销等放在塑料盘中，以免丢失，然后拧动起盖螺钉卸下箱盖。

③ 测量减速器的中心距、中心高。

4）观察传动系统。

① 观察传动系统及其各零件的基本结构。

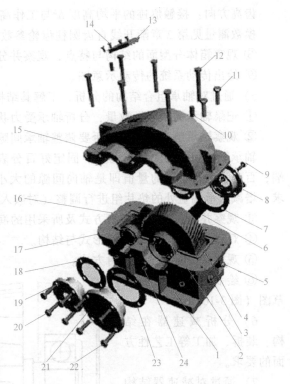

图 3-15　单级圆柱齿轮减速器组成图

1—箱体　2、17—轴承　3—油塞　4—齿轮　5—油标
6—轴　7、18、23—垫片　8、19、21—端盖
9、14、20、22—螺钉　10—定位销　11、12—螺栓
13—观察孔盖　15—箱盖　16—齿轮轴　24—螺母

② 记录减速器各啮合齿对的齿数，判断旋向，并计算各级传动比。

③ 分析轴系零件的合理拆装顺序，进行传动系统的拆装。

④ 一起拆下轴和轴上零部件（注意各零部件之间的相对位置，特别是两端轴承的布置可能不同），观察轴上各零部件的安装情况（轴向固定和周向固定的方法）。

⑤ 观察轴的结构特点，轴上零件在轴上的定位方式及其与轴的配合方式。

⑥ 观察并分析齿轮副（蜗杆副）的润滑方式。

⑦ 观察并检查齿侧间隙、轴向间隙、齿面接触状态，分析如何调整齿轮（蜗轮）的啮合状态。

测量齿侧间隙 j_n：方法是在轮齿之间插入一截铅丝，其厚度稍大于估计的侧隙值，转动齿轮碾压轮齿间的铅丝，铅丝变形部分的厚度即为侧隙的大小，用游标卡尺或千分尺测量其大小。

接触斑点的检测：选取一对齿轮副，仔细擦净齿轮轮齿，在主动轮的 3~4 个齿上均匀地涂上一层薄薄的涂料或红铅油，加以不大的阻转矩，用手转动后确定从动轮轮齿上的接触印痕分布情况。

齿长方向：接触痕迹的长度 b'' 扣除超过模数值的断开部分 c 后与工作长度 b' 之比，即 $(b''-c)/b' \times 100\%$。

齿高方向：接触痕迹的平均高度 h'' 与工作高度 h' 之比，即 $h''/h' \times 100\%$。

模数测量见第 2 章渐开线直齿圆柱齿轮参数测定方法。

⑧ 观察箱体分型面的结构与特点，观察并分析油沟的种类及作用。

⑨ 绘出传动系统的传动示意图。

5）通过对轴承组合结构的分析，了解其结构特点。

① 记录轴承的型号及数量，分析轴承受力状况、布置形式。

② 观察轴承组合结构，是否要调整轴承间隙，知道如何调整。

轴承轴向间隙的测定与调整。固定好百分表，用手推动轴至一端，然后再推动至另一端，百分表上所指示的量值即是轴向间隙的大小。请检查是否符合规范要求，如不符合要求，增减轴承端盖处的垫片组进行调整（对嵌入式端盖用调整螺钉或调整环调整）。

③ 观察并分析轴承的润滑方式及所采用的润滑剂。

④ 观察并分析轴承端盖的形式与结构。

⑤ 观察并分析轴承的密封方式。

⑥ 绘制轴系结构装配草图（图 3-16）。

6）分析减速器在结构、装拆、加工等工艺性方面的要求。

7）通过对减速器结构的综合分析，了解在设计中易犯的错误，防止在设计中出现。

8）完成所有的测量项目后，将减速器复原，安装顺序与拆卸时相反，结构应与原状严格相同，安装每一

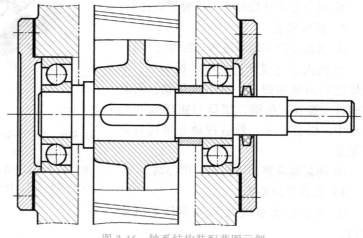

图 3-16　轴系结构装配草图示例

个零部件时，一定要擦干净再装，安装时要进行下列检查：

① 轴承内圈须紧贴轴肩或定距环。

② 圆锥滚子轴承及角接触球轴承轴向游动的范围应符合规定。

③ 齿轮转动的最小侧隙应符合要求。

④ 恢复原状，整理工具。

⑤ 注意不要在箱体内遗留零件。

9）用手转动高速轴，观察有无零件干涉。

3.4.7　注意事项

1）实验前必须预习实验指导书，初步了解减速器装配图有关内容。

2）拆装时要认真细致地观察，积极思考，不得大声喧哗，不得乱扔乱放，保持现场的安静与整洁。

3）切忌盲目拆装，拆卸前要仔细观察零部件的结构及位置，考虑好合理的拆装顺序，拆下的零部件要妥善放好，避免丢失和损坏。

4）拆装时要爱护工具和零件，轻拿轻放，拆装时用力要适当以防止损坏零件。

5）拆下的零件要妥善地按一定顺序放好，以免丢失、损坏，并便于装配。

6）拆装时要注意安全，互相配合。

7）装配位置一定要准确，如果有一个零件没有装配到准确位置，则将影响其他零件的安装。

8）爱护工具及设备，仔细拆装使箱体外的油漆少受损坏。

9）实验结束后应把减速器按原样装好，点齐工具并交还指导老师后方可离开。

10）认真完成实验报告。

3.4.8 思考题

1）齿轮减速器的箱体为什么沿轴线平面做成剖分式？

2）箱体、箱盖上为什么要设计加强筋？为什么有的上箱盖没有加强筋？加强筋有什么作用？应如何布置？

3）上、下箱体连接的凸缘在轴承处比其他处高，为什么？

4）轴上零件在轴上的定位方式及其与轴的配合方式有哪些？

5）如何调整齿轮（蜗轮）的啮合状态？

6）油沟的种类有哪些？作用有何不同？

7）轴承端盖的形式与结构有哪些？其与轴承的润滑方式间有何关系？

8）起盖螺钉的作用是什么？它与普通螺钉结构有什么不同？

9）分析在设计时如何考虑结构工艺性、装拆工艺性、加工工艺性等工艺性方面的要求。

10）密封方式有哪些？箱体接合面用什么方法密封？

11）减速器箱体上有哪些附件？各起什么作用？分别安排在什么位置？

12）测得的轴承轴向间隙如不符合要求，应如何调整？

13）轴上安装齿轮的一端总要设计成轴肩（或轴环）结构，为什么此处不用轴套？

14）扳手空间预留多少合适？正确的扳手空间位置如何确定？

3.5 机械零件及结构认知实验

3.5.1 实验目的

1）初步了解"机械设计"课程所研究的各种常用零件的结构、类型、特点及应用。

2）了解各种常用联接件、轴系零部件的类型、结构，掌握其特点与应用。

3）了解常用机械传动的类型、组成结构、工作原理和失效形式。

4）了解各种常用的润滑剂和密封装置的类型、组成结构、工作原理及相关的国家标准。

5）增强对各种零部件的结构及机器的感性认识。

6）观察了解机械零部件的工作原理，加深与扩展理论教学内容。

7）观察了解机械零件的失效形式，掌握机械设计的基本准则。

3.5.2 实验要求

1. 常用联接件

了解螺纹联接、标准联接零件、键、花键及销联接的常用类型、结构形式、工作原理、受力情况、装配方式、防松原理及方法、失效形式、应用场合及相关的国家标准等。

2. 常用轴系零部件

了解轴、轴承、联轴器与离合器等轴系零部件的类型、结构特点、工作原理、装配形式、常用材料、失效形式、应用场合及相关的国家标准等。

3. 机械传动

1）了解螺旋传动的类型、结构形式、工作原理、运动特性及失效形式等。

2）了解带传动的类型、结构特点、工作原理、运动特性、张紧方法及失效形式等。

3）了解链传动的类型、结构特点、工作原理、运动特性及失效形式等。

4）了解齿轮传动的类型、常用材料、加工原理、结构形式、工作原理、受力分析及失效形式等。

5）了解蜗杆传动的类型、常用材料、结构形式、工作原理、受力分析、自锁现象及失效形式等。

6）了解摩擦轮传动的类型、结构形式、工作原理、运动特性及失效形式等。

4. 润滑剂及密封装置

1）了解润滑剂的类型、功用、性能参数及应用场合等。

2）了解密封装置的类型、功用及应用场合等。

5. 弹簧

了解弹簧的结构特点、工作原理、运动特性等。

3.5.3 实验装置及其工作原理

1. 常用联接件

机械是由各种不同的零件按一定的方式联接而成的。根据制造、安装、运输、维修以及提高劳动生产率等各方面的要求，组成机器的各零件之间采用了各种不同的联接。

机械联接有两大类：一类是机器工作时，被联接的零部件间可以有相对运动的联接，称为机械动联接，如花键、螺旋传动等；另一类是在机器工作时，被联接的零部件间不允许产生相对运动的联接，称为静联接，如螺纹联接、普通平键联接等。

根据联接的工作原理不同可分为形锁合联接、摩擦锁合联接和材料锁合联接。形锁合联接是指靠被联接件或附加固定零件的形状互相锁合，使其产生联接作用，如铰制孔用螺栓联接、平键联接等；摩擦锁合联接是指靠被联接件的压紧，在接触面间产生摩擦力阻止被联接件的相对移动，达到联接的目的，如受横向载荷的紧螺栓联接、过盈联接等；材料锁合联接是指在被联接件间涂敷附加材料，靠其分子间的分子力将零件联接在一起，如胶接、焊接等。

根据联接的可拆分性又分为可拆联接和不可拆联接。可拆联接是不需要毁坏联接中的任一零件就可以拆开的联接，多次拆装无损于其使用功能，如螺纹联接、键联接和销联接。不可拆联接是至少必须毁坏联接中的某一部分才能拆开的联接，如铆钉联接、胶接、焊接等。

（1）螺纹联接　螺纹联接是利用螺纹零件工作的，主要用作紧固零件，是一种应用极为广泛的可拆联接。基本要求是保证联接强度及联接可靠性，应了解如下内容：

1）螺纹的种类。螺纹有外螺纹和内螺纹之分，它们共同组成螺旋副。

起联接作用的螺纹为联接螺纹，起传动作用的螺纹为传动螺纹。

螺纹根据其母体形状可分为圆柱螺纹和圆锥螺纹，圆柱螺纹用于一般联接和传动，而圆锥螺纹主要用于管联接。

按照牙型的不同螺纹分为普通螺纹、管螺纹、梯形螺纹、矩形螺纹和锯齿螺纹。前两种主要用于联接，后三种主要用于传动。其中，除矩形螺纹外，其他螺纹都已标准化。

螺纹又有米制和英制之分，我国除管螺纹保留英制外，其余都采用米制螺纹。

2）螺纹联接的基本类型。常用的有普通螺栓联接、双头螺柱联接、螺钉联接及紧定螺钉联接。普通螺栓联接的被联接件不太厚，通孔不带螺纹，螺杆穿过通孔与螺母配合使用，装配后孔与杆间有间隙，结构简单，装拆方便，可多个装拆，应用较广，也称受拉螺栓联接。铰制孔螺栓联接装配后无间隙，孔和螺栓采用基孔制过渡配合，主要承受横向载荷，也可作定位用，也称受剪螺栓联接。双头螺柱联接的螺杆两端无钉头，但均有螺纹，装配时一端旋入被联接件，另一端配以螺母，适于常拆卸而被联接件之一较厚时，折装时只需拆螺母而不将双头螺栓从被联接件中拧出。螺钉联接适于被联接件之一较厚（带螺纹孔），不需经常装拆，一端有螺钉头，不需螺母，适于受载较小情况。紧定螺钉末端顶住另一零件的表面或相应凹坑，以固定两个零件的相互位置，并可传递不大的力或转矩。

除此之外，还有一些特殊结构联接，如专门用于将机座或机架固定在地基上的地脚螺栓联接，装在大型零部件的顶盖或机器外壳上便于起吊用的吊环螺钉联接，以及应用在设备中的 T 形槽螺栓联接等。

3）螺纹联接的预紧。绝大多数螺纹联接在装配时通常都要拧紧，使之在承受工作载荷前预先受到力的作用，这个预加作用力称为预紧力。

预紧的目的是增强联接的可靠性和紧密性，防止受载后被联接件间出现缝隙或发生相对滑移。

预紧力的控制方法：用测转矩扳手，测出预紧转矩；用定转矩扳手，达到固定的拧紧转矩 T 时，弹簧受压将自动打滑，测量预紧前后螺栓伸长量，精度较高。

4）螺纹联接的防松。防松的根本问题在于防止螺旋副在受载时发生相对转动。

防松的方法，按其工作原理可分为摩擦防松、机械防松及破坏螺旋副运动关系放松等。摩擦防松简单、方便，但没有机械防松可靠。对重要联接，特别是在机器内部的不易检查的联接，应采用机械防松。常见的摩擦防松方法有对顶螺母、弹簧垫圈及自锁螺母等；机械防松方法有开口销与六角开槽螺母、止动垫圈及串联钢丝等；破坏螺旋副运动关系防松主要有端铆、冲点、点焊、黏合等。

5）螺纹联接失效的形式。对于受拉螺栓，其失效形式主要是螺纹部分的塑性变形和螺杆的疲劳断裂。

对于受剪螺栓，其失效形式主要是剪断、接触表面压溃。

螺栓联接承受轴向变载荷时，其损坏形式多为螺栓杆部分的疲劳断裂，通常发生在应力集中较严重之处，即螺栓头部、螺纹收尾部和螺母支承平面所在处的螺纹。

6）提高螺纹联接强度的措施。

① 降低影响螺栓疲劳强度的应力幅。减小螺栓刚度：采用柔性螺栓、弹性元件，可适当增加螺栓长度，或采用腰状杆螺栓与空心螺栓。为了提高被联接件刚度，可采用金属垫片或密封环。

② 改善螺纹牙上载荷分布不均的现象。不论螺栓联接的结构如何，螺栓所受的总拉力都是通过螺栓和螺母的螺纹牙相接触来传递的，由于螺栓和螺母的刚度与变形的性质不同，各圈螺纹牙上的受力也是不同的。为了改善螺纹牙上的载荷分布不均程度，常用悬置螺母或采用钢丝螺套来减小螺栓旋合段本来受力较大的几圈螺纹牙的受力面。

③ 减小应力集中的现象。螺栓上的螺纹、螺栓头和螺栓杆的过渡处以及螺栓横截面面积发生变化的部位等都要产生应力集中。为了减小应力集中的程度，可采用较大的过渡圆角和卸载结构，或将螺纹收尾改为退刀槽等。在设计、制造和装配上应力求避免螺纹联接产生附加弯曲应力，以免降低螺栓强度。

④ 采用合理的制造工艺方法。如采用冷镦螺栓头部和滚压螺纹的工艺方法或用采用表面渗氮、碳氮共渗、喷丸等处理工艺都是有效方法。

在掌握上述内容后，通过参观螺纹联接展柜，区分出：什么是普通螺纹、管螺纹、梯形螺纹和锯齿螺纹；什么是普通螺栓、双头螺柱、螺钉及紧定螺钉联接；什么是摩擦防松与机械防松的零件；了解联接螺栓的光杆部分做得比较细的原因。

（2）标准联接零件　标准联接零件一般是由企业按国家标准（GB）成批量生产、供应市场的零件。这类零件的结构形式和尺寸都已标准化，设计时可根据有关标准选用。通过参观机械设计展柜，能区分螺栓与螺钉；能了解各种标准化零件的结构特点和使用情况；了解各类零件的标准代号，以提高标准化的意识。

1）螺栓。一般与螺母配合使用以联接被联接零件，无须在被联接的零件上加工螺纹，其联接结构简单，装拆方便，种类较多，应用最广泛。其国家标准有：GB/T 5780—2016、GB/T 5781—2016、GB/T 5782—2016、GB/T 5783—2016、GB/T 5784—1986、GB/T 5785—2016等各种六角头螺栓；GB/T 31.1—2016、GB 31.2—1988、GB 31.3—1988等各种六角头螺杆带孔螺栓；GB/T 29.1—2013《六角头带槽螺栓》；GB/T 8—1988《方头螺栓　C级》；GB/T 37—1988《T型槽用螺栓》；GB/T 799—1988《地脚螺栓》等。

2）螺钉。螺钉联接不用螺母，而是紧定在被联接件之一的螺纹孔中，其结构与螺栓相同，但头部形状较多以适应不同装配要求，常用于结构紧凑的场合。其国家标准有：GB/T 65—2016《开槽圆柱头螺钉》；GB/T 67—2016《开槽盘头螺钉》；GB/T 68—2016《开槽沉头螺钉》；GB/T 818—2016《十字槽盘头螺钉》；GB/T 819—2016《十字槽沉头螺钉》；GB/T 820—2015《十字槽半沉头螺钉》；GB/T 70.1—2008《内六角圆柱头螺钉》；GB/T 71—2018《开槽锥端紧定螺钉》；GB/T 73—2017《开槽平端紧定螺钉》；GB/T 74—2018《开槽凹端紧定螺钉》；GB/T 75—2018《开槽长圆柱端紧定螺钉》；GB/T 834—1988《滚花高头螺钉》；GB/T 77—2007～GB/T 80—2007《各种内六角紧定螺钉》；GB/T 83—2018～GB/T 86—2018《各类方头紧定螺钉》；GB/T 845—2017～GB/T 847—2017《各类十字槽自攻螺钉》；GB/T 5282—2017～GB/T 5284—2017《各类开槽自攻螺钉》；GB/T 6560—2014、GB/T 6561—2014《各类十字槽自挤螺钉》；GB/T 825—1988《吊环螺钉》等。

3）螺母。螺母的形式很多，按形状可分为六角螺母、四方螺母及圆螺母；按联接用途可分为普通螺母、锁紧螺母及悬置螺母等。应用最广泛的是六角螺母及普通螺母。其国家标准有：GB/T 41—2016《1型六角螺母 C级》、GB/T 6170—2015《1型六角螺母》、GB/T 6175—2016《2型级六角螺母》、GB/T 6176—2016《2型级六角螺母 细牙》；GB/T 6172.1—2016《六角薄螺母》；GB/T 6173—2015《六角薄螺母 细牙》；GB/T 6178—1986《1型六角开槽螺母 A和B级》、GB/T 6180—1986《2型六角开槽螺母 A和B级》；GB/T 9457—1988《1型六角开槽螺母 细牙A和B级》、GB/T 9458—1988《2型六角开槽螺母 细牙A和B级》；GB/T 56—1988《六角厚螺母》；GB/T 6184—2000《1型全金属六角锁紧螺母》、GB/T 6185.1—2016《2型全金属六角锁紧螺母》；GB/T 39—1988《方螺母 C级》；GB/T 806—1988《滚花高螺母》；GB/T 923—2009《六角盖形螺母》；GB/T 805—1988《扣紧螺母》；GB/T 809—1988～GB/T 817—1988各类圆螺母；GB/T 62.1～4—2004各类蝶形螺母等。

4）垫圈。垫圈种类有平垫圈、弹簧垫圈及锁紧垫圈等。平垫圈主要用于保护被联接件的支承面，弹簧垫圈及锁紧垫圈主要用于摩擦和机械防松场合。其国家标准有：GB/T 97.1—2002～GB/T 97.2—2002、GB/T 95—2002、GB/T 848—2002、GB/T 5287—2002等各类大、小及特大平垫圈；GB/T 852—1988《工字钢用方斜垫圈》；GB/T 853—1988《槽钢用方斜垫圈》；GB/T 861.1—1987《内齿锁紧垫圈》及 GB/T 862.1—1987《外齿锁紧垫圈》；GB/T 93—1987、GB/T 7244—1987、GB/T 7245—1987、GB/T 7246—1987、GB/T 859—

1987《各种弹簧垫圈》；GB/T 854—1988《单耳止动垫圈》、GB/T 855—1988《双耳止动垫圈》；GB/T 856—1988《外舌止动垫圈》；GB/T 858—1988《圆螺母止动垫圈》。

5）挡圈。常用于轴端零件的固定。其国家标准有：GB/T 891—1986《螺钉紧固轴端挡圈》、GB/T 892—1986《螺栓紧固轴端挡圈》；GB/T 893—2017《孔用弹性挡圈》；GB/T 894—2017《轴用弹性挡圈》；GB/T 895.1—1986《孔用钢丝挡圈》GB/T 895.2—1986《轴用钢丝挡圈》；GB/T 886—1986《轴肩挡圈》等。

（3）键、花键及销联接

1）键联接。键是一种标准零件，通常用来实现轴及轴上零件（如齿轮、联轴器等）的周向、轴向定位，传递转矩。

其主要类型有：平键联接、半圆键联接、楔键联接和切向键联接。平键联接应用最广。

① 平键：两侧面是工作面，靠键与键槽的挤压传递转矩，定心性较好、装拆方便。平键联接又有普通平键、导向键和滑键。普通平键实现的是静联接。导向键和滑键实现的是动联接。导向键用于轴向移动位移不大的情况；滑键用于轴向移动位移大的情况。普通平键按用途分为双圆头（A型）、方头（B型）、单圆头（C型）

② 半圆键：也以两侧面为工作面，靠键与键槽的挤压传递转矩。键可在键槽中摆动以适应毂槽的斜度，定心性更好，但键槽对轴的削弱较大，常用作锥形轴端的辅助联接。

③ 楔键：上下表面为工作面。键的上表面有1：100的斜度。安装时，使键相对于键槽轴向移动从而楔紧轴与轮毂；工作时，靠上下表面的摩擦力传递转矩。可承受单向的轴向力，由于定心性能差而且靠摩擦传力，故只能用于低转速和工作平稳的情况下。

④ 切向键：两个楔键成对布置在轴断面的切线上，可承受很大的单向转矩。

各类键使用的场合不同，键槽的加工工艺也不同，可根据键联接的结构特点、使用要求和工作条件来选择。键的尺寸则应符合标准规格并按强度要求来确定。其国家标准有：GB/T 1099.1—2003《普通型半圆键》、GB/T 1564—2003《普通型楔键》、GB/T 1565—2003《钩头型楔键》、GB/T 1096—2003《普通型平键》、GB/T 1097—2003《导向型平键》、GB/T 1567—2003《薄型平键》等。

2）花键联接。轴和轮毂孔周向均布多个键齿构成的联接称为花键联接。齿的侧面是工作面。

传递大转矩或轴向移动频繁且要求较高定心精度时，从使用和制造来讲，使用键联接都不合理。一个花键相当于多个平键，因键、轴一体，对轴的削弱程度小（齿浅、应力集中小），定心性和导向性能好，故花键联接广泛用于重载、高速、要求轴向移动频繁及高定心精度的场合。

花键分为一般的矩形花键（GB/T 1144—2001）和强度高的渐开线花键（GB/T 3478.1—2008~GB/T 3478.9—2008）。矩形花键由于多齿工作，承载能力高、对中性好、导向性好、齿根较浅、应力集中较小、轴与毂强度削弱小等优点，广泛应用在飞机、汽车、拖拉机、机床及农业机械传动装置中。渐开线花键受载时齿上有径向力，能起到定心作用，使各齿受力均匀、强度大、寿命长，主要用于载荷较大、定心精度要求较高以及尺寸较大的联接。

3）销联接。销主要用来固定零件之间的相对位置时，称为定位销，它是组合加工和装配时的重要辅助零件；用于联接时，称为联接销，可传递不大的载荷；作为安全装置中的过载剪断元件时，称为安全销。

销有多种类型，如圆锥销、槽销、销轴和开口销等，这些均已标准化，主要国家标准代号有：GB/T 117—2000、GB/T 118—2000、GB/T 877—1986、GB/T 13829.1—2004~GB/T

13829. 9—2004、GB/T 880—2008、GB/T 881—2008、GB/T 882—2008、GB/T 91—2000、GB/T 877—1986 等。

各种销都有各自的特点，如圆柱销多次拆装会降低定位精度和可靠性，锥销有 1：50 的锥度，在受横向力时可以自锁，安装方便，定位精度高，多次拆装不影响定位精度等。

以上几种联接，可通过展柜观看，要仔细观察其结构、使用场合，并能分清和认识以上各类零件。

2. 常用轴系零部件

（1）轴　轴是组成机器的主要零件之一。一切做回转运动的传动零件（如齿轮、蜗轮等），都必须安装在轴上才能进行运动及动力的传递。轴的主要功用是支撑回转零件及传递运动和动力。

按承受载荷的不同，轴可分为转轴、心轴和传动轴三类。工作中既承受弯矩又承受转矩的轴称为转轴，这类轴在各种机器中最为常见；只承受弯矩而不承受转矩的轴称为心轴，心轴又分为转动心轴和固定心轴两种；只承受转矩而不承受弯矩（或弯矩很小）的轴称为传动轴。

按轴线形状不同，轴可分为曲轴和直轴两大类。曲轴通过连杆可以将旋转运动改变为往复运动，或做相反的运动变换。直轴根据外形的不同又可分为光轴和阶梯轴。光轴形状简单，加工容易，应力集中源少，但轴上的零件不易装配及定位；阶梯轴正好与光轴相反。所以，光轴主要用于心轴和传动轴，阶梯轴则常用于转轴。直轴一般都是制成实心的，而在那些由于机器结构的要求而需在轴中装设其他零件或者减小轴的质量的场合，将轴制成空心的。

此外，还有一种钢丝软轴，又称钢丝挠性轴，它是由多组钢丝分层卷绕而成的，具有良好的挠性，可以把回转运动灵活地传到不开敞的空间位置。

轴的材料主要是碳钢和合金钢，钢轴的毛坯多数为轧制圆钢和锻件，有的则直接用圆钢。由于碳钢比合金钢廉价，对应力集中的敏感性较低，同时可以用热处理或化学处理的办法提高其耐磨性和抗疲劳强度，故采用碳钢制造轴尤为广泛，其中最常用的是 45 钢。合金钢比碳钢具有更高的力学性能和更好的淬火性能，在传递大动力、要求减小尺寸与质量、提高轴颈的耐磨性以及处于高温或低温条件下工作的轴，采用合金钢。

轴的失效形式主要是疲劳断裂和磨损。防止失效的措施是：合理布置轴上零件以减小轴的载荷；改进轴上零件的结构以减小轴的载荷；改进轴的结构以减小应力集中的影响；改进轴的表面质量以提高轴的疲劳强度。

轴上零件的固定，主要是轴向和周向固定。轴向固定借助轴本身形状（轴肩、圆锥形轴头）定位，借助挡圈、圆螺母、套筒等定位；周向固定可采用键、花键、成形联接、弹性环联接、过盈联接、销等定位。

轴看似简单，但轴的知识、内容都比较丰富，完全掌握很不容易，只有通过理论学习及实践知识的积累（多看、多观察）逐步掌握。

（2）轴承　轴承是支撑轴颈的部件，有时也用来支撑轴上的回转零件。根据轴承中摩擦性质的不同，可把轴承分为滑动轴承和滚动轴承两大类。滚动轴承由于摩擦系数小，起动助力小，而且已经标准化（标准代号有：GB/T 271—2017、GB/T 281—2013、GB/T 276—2013、GB/T 288—2013、GB/T 290—2017、GB/T 292—2007、GB/T 294—2015、GB/T 296—2015、GB/T 285—2013、GB/T 5801—2006、GB/T 297—2015、GB/T 301—2015、GB/T 4663—2017、GB/T 5859—2008 等），选用、润滑、维护都很方便，因此在一般机器中应

用较广。但滑动轴承本身具有的一些独特优点，使得它在某些不能、不便或使用滚动轴承没有优势的场合，如工作在转速特高、特大冲击与振动、径向空间尺寸受到限制或必须剖分安装，以及需在水或腐蚀性介质中工作等场合。

1) 滑动轴承。滑动轴承的类型很多，按其承受载荷方向的不同，可分为径向滑动轴承（承受径向载荷）和止推滑动轴承（承受轴向载荷）。根据其滑动表面间润滑状态的不同，可分为液体滑动轴承、不完全液体滑动轴承和自润滑轴承。根据液体润滑承载机理不同，可分为液体动力润滑轴承和液体静压润滑轴承。

轴瓦是滑动轴承的重要零件，是滑动轴承中直接与轴颈接触的零件，其工作表面既是承载面又是摩擦面，是滑动轴承的核心零件。为了节省贵重合金材料或者由于结构上的需要，常在轴瓦的内表面铸上或轧制一层轴承合金，称为轴承衬。

滑动轴承的主要失效形式为磨损、疲劳破坏、胶合（重载、油膜破裂或润滑不良）、点蚀（疲劳剥落）和腐蚀。

轴瓦和轴承衬的材料统称为轴承材料。常用的轴承材料有金属材料，如轴承合金（巴氏合金）、青铜等；粉末冶金材料，多用于含油轴承、低速重载的场合，具有自润滑性能；非金属材料，如有塑性的橡胶等。

2) 滚动轴承。滚动轴承是现代机器中广泛应用的部件之一，它是靠主要元件间的滚动接触来支撑转动零件的，具有摩擦阻力小、功率消耗少、起动容易等优点。

滚动轴承主要由内圈、外圈、滚动体和保持架四部分组成，内圈用来和轴颈装配，外圈用来和轴承座孔装配，通常是内圈随轴颈回转而外圈转动，也可用于外圈回转而内圈不动，或是内、外圈同时回转的场合。当内、外圈相对转动时，滚动体即在内、外圈的滚道内滚动，常见的滚动体有球、圆柱滚子、圆锥滚子、球面滚子、非对称球面滚子、滚针等几种。

按轴承用于承受的外载荷不同来分，滚动轴承可分为向心轴承和推力轴承两大类，其中主要承受径向载荷的轴承叫做向心轴承；主要承受轴向载荷的轴承叫做推力轴承。

保持架将滚动体均匀隔开，一般用低碳钢板冲压制成，高速时多采用有色金属（铜合金）或工程塑料等整体式保持架。

内外圈和滚动体采用轴承钢（如 GCr15）制造，并经淬火处理和精磨、抛光，具有高硬度（61~65HRC）、高接触疲劳强度，良好的耐磨性和冲击韧性。

滚动轴承的主要失效形式有疲劳点蚀（回转轴承上，各元件受脉动接触应力）、塑性变形（静载荷、冲击作用下，形成变形凹坑）、磨损（磨粒磨损、黏着磨损），此外还有电腐蚀、锈蚀、元件破裂等。

轴承理论课程将详细讲授机理、结构、材料等，并且还有实验与之相配合，通过这次实验了解各类、各种轴承的结构及特征，扩大自己的眼界。

(3) 联轴器　联轴器用来联接两根轴，传递运动和转矩，机器运转时两轴不能分离。其特点是只有机器停机并拆开后，两轴才能分离。

联轴器的类型很多，按结构特性分刚性联轴器和挠性联轴器。刚性联轴器适用于两轴能严格对中，并在工作中不发生相对位移的地方，如凸缘联轴器；挠性联轴器适用于两轴有偏斜或工作中有相对位移的地方。

常用的刚性固定式联轴器有凸缘联轴器、套筒联轴器、夹壳联轴器等；常用的刚性可移式联轴器有牙嵌式联轴器、滑块联轴器（十字滑块）、齿式联轴器、万向联轴器、滚子链联轴器等。

挠性联轴器又可分为：无弹性元件，只起补偿偏移及位移作用，因无弹性元件而无缓冲及减振作用；有弹性元件，弹性元件通过变形，可补偿偏移及位移，具有缓冲减振功能。

常用的弹性联轴器有弹性套柱销联轴器、弹性柱销联轴器、弹性柱销齿式联轴器、梅花形弹性联轴器、轮胎式联轴器、蛇形弹簧联轴器、簧片联轴器和弹簧联轴器等。

（4）离合器　离合器在机器运转时，可根据需要使两轴随时接合或分离。其特点是在机器运转过程中，两轴可随时接合或分离。

离合器的类型较多，按其工作原理可分为啮合式（利用轮齿啮合传递转矩，可保证两轴同步运转，但只能在低速或停机时进行离合）和摩擦式，（利用工作表面的摩擦传递转矩，能在任何转速下离合，有过载保护但不能保证两轴同步运转）。

按离合控制方法不同，离合器可分为操纵式和自动式两类。操纵式又分有机械操纵式、电磁操纵式、液压操纵式和气压操纵式等；常用的操纵式离合器有牙嵌式离合器、齿式离合器、销式离合器、圆盘摩擦离合器、圆锥摩擦离合器和磁粉离合器等。可自动离合的离合器有超越离合器、离心离合器和安全离合器等，它们能在特定条件下，自动地接合或分离。

3. 机械传动

机械传动分类如图3-17所示。各种传动都有不同的特点和使用范围，这些传动知识在"机械设计"课程中都要详细介绍。在这里主要通过实物观察，增加对各种机械传动知识的感性认识，为今后理论学习及课程设计打下良好的基础。

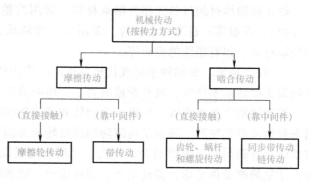

图3-17　机械传动分类

（1）带传动　带传动是在两个或多个带轮间用作挠性拉拽原件的传动，工作时借助带与带轮间摩擦力或啮合来传递运动或动力。带传动一般由主动带轮、从动带轮和传动带轮组成。带传动具有结构简单、传动平稳、价格低廉和缓冲吸振等特点，在近代机械中应用广泛。

根据工作原理不同，带传动可分为摩擦带传动和啮合带传动。在摩擦带传动中，根据带的截面形状不同又可以分为平带传动、圆带传动、V带传动和多楔带传动。

平带传动结构最简单，传动效率较高，带轮容易制造，在传动中心距较大的情况下应用较多。常用的平带有帆布芯平带、编织平带、锦纶片复合平带等数种，其中以帆布芯平带应用最广。

圆带传动结构简单，其材料为皮革、棉、锦纶、聚氨酯等，通常用于仪器及低速、轻载、小功率的机器中。

V带的截面呈等腰梯形，带轮上也做出相应的轮槽。V带的两个侧面和轮槽接触，并且为一整圈，无接缝，故质量均匀，在同样的张紧力下，V带比平带传动能产生更大的摩擦力，再加上传动比较大、结构紧凑，并标准化生产，因而应用广泛。

多楔带传动兼有平带柔性好和V带摩擦力大的优点，并能解决多根V带长短不一使各带受力不均匀的问题，主要用于传递功率较大同时结构要求紧凑的场合，传动比可达10，带速可达40m/s。

摩擦带传动的主要失效形式为带的磨损、疲劳破坏和打滑。

啮合带传动一般也称为同步带传动。它通过传动带内表面上等距分布的横向齿和带轮上的相应齿槽的啮合齿传递运动。传动带和带轮之间没有相对滑动，能够保证严格的传动比，但同步带对中心距及尺寸稳定性要求较高，在汽车、机电工业中广泛应用。

（2）链传动　链传动是以链条为中间挠性件的啮合传动，它由链条和链轮组成，通过链轮轮齿与链条链节的啮合来传递运动和动力。

与属于摩擦传动的带传动相比，链传动无弹性滑动和打滑现象，所以能保持准确的平均传动比，传动效率高。链传动的整体尺寸较小，结构较为紧凑，同时链传动能在高温和潮湿的环境中工作，广泛应用于农业、采矿、冶金、起重、运输、化工以及其他机械的动力传动中。

链传动按用途不同可分为传动链传动、输送链传动和起重链传动。传动链按结构不同，分为滚子链（套筒滚子链）、套筒链、齿形链三种，主要用于一般机械传动。输送链和起重链主要用在运输和起重机械中。

链传动的主要失效形式是链条元件的疲劳破坏、铰链磨损、胶合、冲击破坏、过载拉断和链轮轮齿磨损等。

链轮是链传动的主要零件，链轮齿形已标准化（GB/T 10855—2015）。链轮设计主要是确定其结构尺寸，选择材料及热处理方法等。

（3）齿轮传动　齿轮传动是现代机械中应用最为广泛的一种传动机构，可以用来传递空间任意两轴间的运动和动力。其主要特点有传动准确、平稳，机械效率高，使用寿命长，工作安全可靠。但是齿轮传动的制造及安装精度要求高，价格较贵，且不宜用于传动距离过大的场合。

齿轮传动的分类见表3-4。

表 3-4　齿轮传动分类

按两轴线位置	平行轴齿轮传动、相交轴齿轮传动、交错轴齿轮传动
按工作条件	开式传动、半开式传动、闭式传动
按齿面硬度	软齿面硬度≤350HBW、硬齿面硬度>350HBW
按齿线相对轴线的方向	直齿、斜齿、曲线齿、人字齿
按轮齿齿廓曲线形状	渐开线齿轮、摆线齿轮、圆弧齿轮
按轮齿的分布位置	外啮合、内啮合
按轮齿的分布曲面	圆柱齿轮、锥齿轮

1）外啮合直齿圆柱齿轮传动、外啮合斜齿圆柱齿轮传动、外啮合人字齿圆柱齿轮传动、齿轮齿条传动、内啮合圆柱齿轮传动用于平行轴的齿轮传动。

2）直齿锥齿轮传动、斜齿锥齿轮传动、曲线齿锥齿轮传动用于相交轴的齿轮传动。

3）交错轴斜齿轮传动、准双曲面齿轮传动用于交错轴的齿轮传动。

齿轮传动的失效形式是轮齿折断、齿面接触疲劳磨损、齿面点蚀、齿面胶合、齿面磨粒磨损、齿面塑性流动等。

制造齿轮最常用的材料是钢（锻钢、铸钢等，品种很多，且可通过各种热处理方式获得适合工作要求的综合性能），其次是铸铁、有色金属及非金属材料（塑料、尼龙等）。

齿轮常用的热处理方法有整体淬火、表面淬火、渗碳、碳氮共渗及正火和调质等。

一定要了解各种齿轮特征，主要参数的名称及几种失效形式的主要特征，使实验在真正意义上与理论教学产生互补作用。

（4）蜗杆传动　蜗杆传动是用来传递空间交错轴之间的运动和动力的一种传动机构，两轴线交错的夹角可为任意角，常用的为90°。

蜗杆传动具有螺旋机构的某些特点，蜗轮相当于螺母，蜗杆相当于螺杆，有右旋、左旋及单头、多头之分，多用右旋蜗杆。

蜗杆传动的特点：工作平稳，兼有斜齿轮与螺旋传动的优点；传动比大，在动力传动中，一般传动比 $i = 5 \sim 80$，在分度机构或手动机构的传动中，传动比可达 300，若只传递运动，传动比可达 1000；结构紧凑、重量轻、噪声小；自锁性能好，用于提升机构。

在传动中，蜗杆齿是连续不断的螺旋齿，与蜗轮的啮合方式是逐渐进入与逐渐退出，故冲击载荷小，传动平衡，噪声低；但当蜗杆的螺旋线升角小于啮合面的当量摩擦角时，蜗杆传动便具有自锁功能；在啮合处有相对滑动，当速度很大，工作条件不够良好时，会产生严重摩擦与磨损，引起发热，摩擦损失较大，效率低。

根据蜗杆形状不同，蜗杆传动分为圆柱蜗杆传动、环面蜗杆传动和锥蜗杆传动。

圆柱蜗杆传动又分为阿基米德蜗杆传动（ZA 蜗杆传动）、渐开线蜗杆传动（ZI 蜗杆传动）、法向直廓蜗杆传动（ZN 蜗杆传动）、锥面包络圆柱蜗杆传动（ZK 蜗杆传动）、圆弧圆柱蜗杆（ZC 蜗杆传动）。

环面蜗杆传动分为一次包络环面蜗杆传动和二次包络环面蜗杆传动。

蜗杆传动的失效形式有齿面接触疲劳磨损、齿面点蚀、齿面胶合、轮齿折断、齿面磨粒磨损等。

蜗杆传动常用材料：蜗轮（指齿冠部分材料，要用减摩材料）主要是铸造锡青铜、铸造铝青铜、铸造铝黄铜等；蜗杆主要是碳钢和合金钢。

蜗杆的热处理：硬面蜗杆，首选淬火→磨削；调质蜗杆在缺少磨削设备时选用。

通过实验应了解蜗杆传动结构及蜗杆减速器的种类和形式。

（5）螺旋传动　螺旋传动是利用螺杆和螺母组成的螺旋副来实现传动的。它既能将回转运动转变为直线运动，又能将直线运动转变为回转运动，一般用于将回转运动转变为直线运动，同时传递动力。

螺旋传动常见的运动形式有：螺杆转动，螺母移动，多用于机床的进给机构；螺母固定，螺杆转动并移动，多用于螺旋起重机等。

根据用途的不同螺旋传动可分为传力螺旋、传导螺旋、调整螺旋。传力螺旋以传递动力为主，要求以较小的转矩产生较大的轴向推力，用以克服工件阻力。这种传力螺旋主要是承受很大的轴向力，一般为间歇性工作，每次的工作时间较短，工作速度也不高，通常具有自锁能力，如螺旋千斤顶、螺旋压力机、台虎钳等。传导螺旋以传递运动为主，有时也承受较大的轴向力，如机床进给机构的螺旋等。传导螺旋常需在较长的时间内连续工作，工作速度较高，要求具有较高的传动精度。调整螺旋用以调整、固定零件的相对位置，如机床、仪器及测试装置中的微调机构螺旋。调整螺旋不经常转动，一般在空载下调整。

螺旋传动按其螺旋副摩擦性质的不同，又可分为滑动螺旋、滚动螺旋、静压螺旋。滑动螺旋结构简单，便于制造，易于自锁，应用范围较广。其主要缺点是摩擦阻力大，传动效率低（一般为 30% ~ 40%），磨损快，传动精度低。滚动螺旋传动具有传动效率高、起动转矩小、传动灵敏平稳、工作寿命长等优点，故目前在机床、汽车、航空、航天及武器等制造业中应用颇广。其缺点是制造工艺比较复杂，特别是长螺杆更难保证热处理及磨削工艺质量，刚性和抗振性较差。滚动螺旋可分为滚珠螺旋和滚子螺旋两大类。静压螺旋靠外部的高压油在丝杠和螺母螺纹面之间形成一层足够厚的油膜来承载，因此磨损特小，传动效率极高，能长期保持传动精度，常用于数控和伺服系统等高要求的设备之中。

（6）摩擦轮传动　摩擦轮传动是由两个或多个相互压紧的摩擦轮组成的一种摩擦传动，

工作时靠摩擦轮接触面间的摩擦力来传递运动或动力。摩擦轮传动一般由主动摩擦轮、从动摩擦轮和机架组成。

摩擦轮传动按照摩擦轮形状的不同分为圆柱摩擦轮传动、圆锥摩擦轮传动和平盘摩擦轮传动。圆柱摩擦轮传动又分为圆柱平摩擦轮传动和圆柱槽摩擦轮传动。

摩擦轮传动具有制造简单、运转平稳、无冲击和噪声、能无级变速及过载保护的特点，但由于存在弹性滑动、几何滑动，不能保持准确的传动比，效率较低，压轴力较大、必须采用压紧装置。

4. 弹簧

弹簧是一种弹性元件。弹簧在外力作用下能产生较大的弹性变形，在机械设备中被广泛用作弹性元件。其主要应用于：

1）控制机构运动或零件的位置，如凸轮机构、离合器、阀门等。

2）缓冲吸振，如车辆弹簧和各种缓冲器中的弹簧。

3）储存及输出能量，如钟表仪器中的弹簧、枪内弹簧等。

4）测量力的大小，如测力器和弹簧秤中的弹簧等。

5）改变系统的自振频率。

弹簧的种类比较多，按形状不同又可分为螺旋弹簧、环形弹簧、碟形弹簧、板弹簧和平面涡圈弹簧等。螺旋弹簧按形状分为圆柱形弹簧和截锥形弹簧；按承受的载荷不同可分为拉伸弹簧、压缩弹簧、扭转弹簧及弯曲弹簧四种。

弹簧的材料主要有优质碳素弹簧钢、合金弹簧钢、有色金属合金。

在参观时要看清各种弹簧的结构、材料，并能与名称对应起来。

5. 润滑剂及密封

（1）润滑剂 润滑剂的主要作用是降低摩擦、减小磨损、提高效率、延长机件的使用寿命，同时还起到冷却、缓冲、吸振、防尘、防锈、排污等作用。机械中常用的润滑剂主要有润滑油、润滑脂和固体润滑剂。

1）润滑油。在液体润滑剂中应用最广泛的是润滑油，主要有三类：一是有机油，通常是动植物油；二是矿物润滑油，主要是石油产品；三是化学合成油。矿物润滑油是由多种烃类的混合物加入添加剂组成的，其原料充足、成本低廉、性能稳定，应用广泛；合成润滑油是由具有特定分子结构的单体聚合后加入添加剂配成的，其具有突出的特性，如耐氧化性、耐高低温、抗燃等，但价格昂贵，在航空工业中应用较多。

润滑油的主要性能指标有黏度、润滑性、极压性、闪点、凝固点、氧化稳定性等。其中，黏度是最重要的质量指标，是衡量润滑油黏性的指标，也是大多数润滑油牌号区分的标志。

2）润滑脂。润滑脂由润滑油与各种稠化剂（钙、钠、铝、锂等金属皂）混合稠化而成。其优点是密封简单，不需要经常添加，不易流失，对速度和温度不敏感，适用范围广。其缺点是摩擦损耗较大，机械效率低，不适宜高速场合。润滑脂主要有钙基润滑脂、钠基润滑脂、锂基润滑脂、铝基润滑脂四类。

润滑脂的主要性能指标有：锥入度、滴点、氧化安定性等。其中，锥入度是最重要的性能指标，它表示润滑脂内的阻力大小和流动性的强弱。

3）固体润滑。固体润滑剂是在两摩擦表面间用固体粉末、薄膜或固体复合材料等代替润滑油或润滑脂，以达到减少摩擦与磨损的目的。例如，石墨性能稳定，温度大于350℃时才开始氧化，可在水中工作。聚氟乙烯树脂摩擦系数低，只有石墨的一半。二硫化钼

（MoS_2）摩擦系数低，使用温度范围广（$-60 \sim 300℃$），但遇水性能下降。

不但要了解展柜中展出的油剂、脂剂各种实物，润滑方法与润滑装置，还应了解相关国家标准，如润滑油的黏度等级标准 GB/T 3141—1994，石油产品及润滑剂的总分类标准 GB/T 498—2014；润滑剂标准 GB/T 7631.1—2008 ~ GB/T 7631.17—2014 等。国家标准中，油剂共有 20 大组类、70 余个品种，脂剂有 14 个种类品种。

（2）密封　密封装置是机器和设备的重要组成部分。其主要目的是防止润滑剂的泄漏以及防止灰尘、水分及其他杂物浸入机器和设备内部。

密封方法和类型很多，可分为接触式密封和非接触式密封。

接触式密封是软材料与零部件直接接触而起密封作用，常用的软材料有毛毡、橡胶、皮革、软木等，主要有毡圈密封、唇形密封圈、密封圈密封。

非接触式密封避免了接触处产生的滑动摩擦，常用的有间隙封圈、迷宫式封圈、甩油密封圈、曲路密封圈等。

在参观时应认清各类密封零件及应用场合。

3.5.4　实验步骤

通过对实验指导书的学习及机械零件陈列柜中的各种零件的展示，通过实验老师的介绍、答疑及观察去认识机器常用的基本零件，使理论与实际对应起来，从而增强对机械零件的感性认识，并通过展示的机械设备、机器模型等，知道机器的基本组成要素——机械零件。

1）观察各种零件的种类、材料、用途、结构形式及加工方法。

2）观察各种零件的失效形式，分析零件的失效原因。

3）观察各种机械是由哪些基本传动机构组成的，以及这些基本机构在机械中起什么作用。

4）观察各种零部件在机械中的安装情况及相互关系，零部件的定位与固定。

5）观察轴的支承方式；观察轴的安装位置是如何调整的、轴承是如何预紧的。

6）注意机械的润滑和密封方式。

7）观察机械的箱体结构及与其内部各零部件的关系。

8）了解各种减速器的用途及结构形式、减速器内部零部件的传动情况。

3.5.5　注意事项

1）实验时必须带上课本，以便于与书本内容进行对照观察。

2）进入实验室必须保持安静，不得大声喧哗，以免影响其他同学。

3）不得私自打开陈列柜，不得用手触摸各种机械零件模型。

4）服从实验人员的安排，认真领会机械零件的构造原理。

3.5.6　思考题

1）常用机械联接的基本类型有哪些？各适用于什么场合？

2）螺栓联接为什么要防松？常见的防松原理及防松装置有哪些？

3）为什么说花键联接的对中性好，承载能力大？花键联接起导向作用吗？

4）心轴、转轴、传动轴的受载特点是什么？受载截面上的应力分布如何？

5）判断自行车轴、汽车传动轴、钻床主轴、火车轮轴、减速器轴各属于什么类型的轴。

6）剖分式滑动轴承的剖分面上设有台阶，为什么？

7）轴瓦在轴承孔中必须轴向、周向定位，为什么？如何进行轴向及周向定位？

8）轴瓦上为什么要开油沟？轴向油沟沿轴向不允许开通，为什么？对非液体摩擦滑动轴承和液体摩擦滑动轴承开油沟的位置是否有区别，为什么？

9）发电机组的汽轮机各轴承都用流体动压润滑滑动轴承，为什么？

10）滚动轴承内圈和外圈上为什么要设滚道？轴承中若无保持架将会发生什么现象？

11）哪些类型的轴承可以自动调心？为什么能自动调心？

12）减速器中，齿轮或蜗轮是否可用于飞溅润滑？其中轴承又用什么方式进行润滑？

13）联轴器与离合器的功用是什么？基本类型有哪些？

14）V带、平带和同步带传动各有什么特点？它们各自用于何种场合？有哪些张紧方法？其有什么特点？

15）齿轮的传动特点及传动形式有哪些？其主要失效形式有哪些？

16）为什么蜗杆多为蜗杆轴的结构形式，而蜗轮多为组合结构形式？

17）与齿轮传动相比，蜗杆传动的失效形式有什么特点？

18）为什么两配对齿轮都可用钢制造，而蜗杆、蜗轮却不能都用钢制造？

19）为什么齿轮多为整体式而蜗轮除用铸铁制造外常用组合式？组合时蜗轮轮心与轮缘材料是否相同？采用什么方法将两者可靠地联接成一体？

20）弹簧按受载不同可分为哪几种？按形状不同又可分为哪几种？

21）润滑剂的基本功用是什么？机械中常用的润滑剂有哪几种？

22）非接触式密封装置为什么能起密封作用？

3.6　复杂轴系拆装及结构分析实验

3.6.1　实验目的

1）熟悉并掌握轴、轴上零件的结构形状及功用、工艺要求和装配关系。

2）熟悉并掌握轴、轴上零件的定位与固定方法。

3）熟悉并掌握轴系结构设计中有关轴的结构设计、滚动轴承组合设计的基本方法。

4）了解轴承的类型、布置、安装及调整方法，以及润滑和密封方式。

3.6.2　实验要求

1）根据教学要求给每组指定实验内容（圆柱齿轮轴系、小锥齿轮轴系或蜗杆轴系等）。

2）熟悉实验箱内的全套零部件，根据提供的轴系装配图，选择相应的零部件进行轴系结构模型的组装。

3）分析轴系结构模型的装拆顺序，传动件的周向和轴向定位方法，轴的类型、支承形式、间隙调整、润滑和密封方式。

4）通过分析并测绘轴系部件，根据装配关系和结构特点绘制轴系结构装配示意图。

3.6.3　实验原理

1）根据表3-5选择性安排实验内容。

2）也可以按照实验箱中提供的可选方案（共20种方案）进行实验。

3）还可以自己拟订轴系结构设计方案，利用提供的器材进行设计。

表 3-5　轴系结构选择

实验题号	已知条件				
	齿轮类型	载荷	转速	其他条件	示意图
1	小直齿轮	轻	低		
2		中	高		60　60　70
3	大直齿轮	中	低		
4		重	中		
5	小斜齿轮	轻	中		
6		中	高		60　60　70
7	大斜齿轮	中	中		
8		重	低		
9	小锥齿轮	轻	低	锥齿轮轴	
10		中	高	锥齿轮与轴分开	70　82　30
11	蜗杆	轻	低	发热量小	
12		重	中	发热量大	l

3.6.4　实验装置和工具

1）组合式轴系结构设计分析实验箱。实验箱提供减速器圆柱齿轮轴系、小锥齿轮轴系及蜗杆轴系结构设计的全套零件。

2）测量及绘图工具。300mm 钢直尺、游标卡尺、内外卡钳、铅笔、三角板等。

3）其他工具。螺钉旋具、活扳手、卡尺（一套）。

3.6.5　实验步骤

1）每组学生（2~3 人）根据实验题号的要求，明确实验内容，理解设计要求。

2）复习有关轴的结构设计与轴承组合设计的内容与方法（参看教材有关章节）。

3）构思轴系结构方案。

① 根据齿轮类型选择滚动轴承型号。

② 确定支承轴向固定方式（两端单向固定；一端双向固定、一端游动）。

③ 根据齿轮圆周速度（高、中、低）确定轴承润滑方式（脂润滑、油润滑）。

④ 选择端盖形式（凸缘式、嵌入式）并考虑透盖处的密封方式（毡圈、皮碗、油沟）。

⑤ 考虑轴上零件的定位与固定、轴承间隙调整等问题。

⑥ 绘制轴系结构方案示意图。

4）组装轴系部件。根据轴系结构方案，从实验箱中选取合适零件并组装成轴系部件，检查所设计组装的轴系结构是否正确。合理的轴系结构应当满足如下要求：

① 轴上零件拆装方便，加工工艺性良好。

② 轴上零件固定可靠。

③ 轴承固定方式符合给定的设计条件，轴承间隙调整方便。

④ 锥齿轮轴系应能进行径向调整。

5）绘制轴系结构草图。

6）测量零件结构尺寸（支座不用测量），并做好记录。

7）将所有零件放入实验箱内的规定位置，交还所借工具。

8）根据结构草图及测量数据，在 3 号图纸上用 1：1 比例绘制轴系结构装配图，要求装配关系表达正确，注明必要尺寸（如支承跨距、齿轮直径与宽度、主要配合尺寸），填写标题栏和明细表。

9）写出实验报告。

3.6.6 注意事项

1）为了安全起见，在进行实验时将实验箱放置牢固，防止砸伤碰伤。

2）实验完成后，请清点所有测量用具并放置于实验桌上。

3）请不要用工具进行敲打，防止损坏测绘器材。

4）实验完成时，应将所有的零件按规定放回箱内并排列整齐。

3.6.7 实验思考题

1）轴上零件在轴上的定位方式及其与轴的配合方式有哪些？

2）分析在设计时如何考虑结构工艺性、装拆工艺性、加工工艺性等工艺性方面的要求？

3）轴承的游隙是怎么调整的？调整方法有哪些特点？

4）完成轴系结构的设计中，采用了哪些轴上零件的定位与固定方法？这些方法有什么特点？

5）轴系轴向位置调整的作用是什么？在哪些传动场合轴系需要能在轴向进行严格调整？

6）绘制的轴系、轴承的配置方法是哪一种？为什么采用这种方法？

7）绘制的复杂轴系轴上零件采用什么方法进行周向固定和轴向固定？

8）悬臂锥齿轮轴系组合设计中采用轴承套的作用是什么？轴承套内成对安装的圆锥滚子轴承可采用"面对面"和"背对背"两种方式，比较两种方案的特点。

3.6.8 参考结构图（图 3-18~图 3-22）

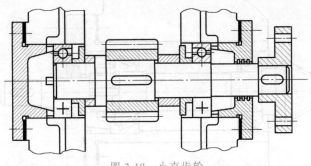

图 3-18 小直齿轮

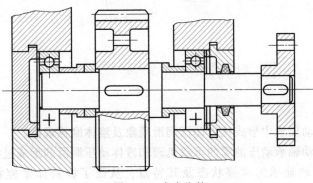

图 3-19 大直齿轮

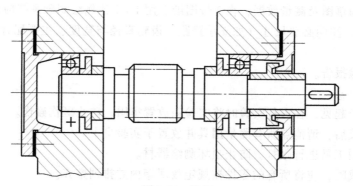

图 3-20　蜗杆

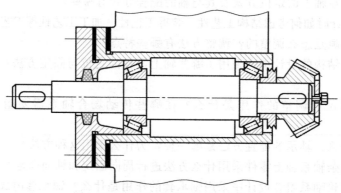

图 3-21　小锥齿轮（锥齿轮与轴分开）

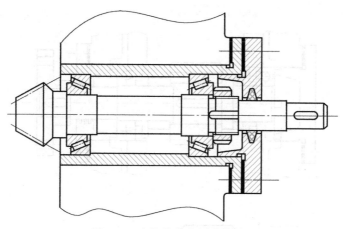

图 3-22　小锥齿轮（锥齿轮轴）

3.7　液体动压润滑向心滑动轴承实验

3.7.1　实验目的

1）观察向心滑动轴承中形成流体动压润滑现象及液体摩擦现象。

2）理解向心滑动轴承动压油膜的承载机理和液体动压润滑的形成过程。

3）了解向心滑动轴承的摩擦状态及其特点，从而了解液体摩擦状态形成应具备的条件。

4）观察载荷和转速改变时油膜压力的变化情况或油膜厚度。

5）掌握测定向心滑动轴承周向油膜压力分布曲线的方法和绘制径向滑动轴承周向油膜压力分布曲线的方法。

6）掌握测定向心滑动轴承轴向油膜压力分布曲线的方法和绘制径向滑动轴承轴向油膜压力分布曲线的方法。

7）掌握向心滑动轴承摩擦系数的测量原理与方法、摩擦特性曲线的绘制方法。

8）计算实测端泄对向心滑动轴承轴向压力分布的影响系数值 K。

9）了解影响油膜承载能力的因素，按油膜压力分布曲线求油膜的承载能力。

10）了解摩擦系数、比压与滑动速度之间的关系。

3.7.2 实验要求

1）熟悉液体动压润滑向心滑动轴承实验台的结构与功能。

2）测定和测绘向心滑动轴承径向油膜压力曲线，求轴承的承载能力。

3）绘制周向油膜压力分布曲线。

4）绘制轴向油膜压力分布曲线。

5）测定动压向心滑动轴承实验的其他重要参数，如轴承平均压力、轴承 pv 值、偏心率、最小油膜厚度等。

6）分析影响油膜承载能力的因素。

7）测量轴承与转轴间隙中的油膜在轴线方向的压力分布值。

8）测量液体动压润滑向心滑动轴承在各转速、载荷、黏度润滑油情况下轴承特性系数 λ 和摩擦系数 f，并绘制摩擦特性曲线（λ-f 曲线）。

3.7.3 实验装置及其工作原理

YZC-B 智能型液体滑动轴承实验台，具备多媒体仿真、测试分析功能，主要用来观察滑动轴承的结构，测量及仿真滑动轴承径向油膜压力分布和轴向油膜压力分布，测定及仿真滑动轴承摩擦特性曲线。

YZC-B 智能型液体滑动轴承实验台，如图 3-23 所示。

1. 结构特点

直流电动机上装有一个小带轮，主轴上装有一个大带轮，通过 V 带驱动主轴沿顺时针（面对实验台面板）方向转动。主轴上装有精密加工的主轴瓦，由装在底座里的调速器实现主轴的无级变速。在主轴大带轮侧面装有一个红外线测速装置，轴的转速由实验台前面操纵面板的转速数码管直接读出或由软件界面内的读数窗口读出。

主轴由两个高度精密的单列深沟球轴承支撑在箱体上，轴的

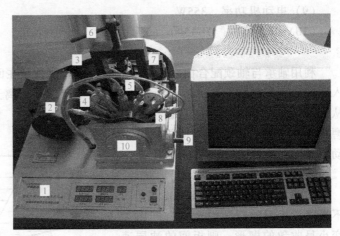

图 3-23 YZC-B 智能型液体滑动轴承实验台

1—操纵面板 2—电动机 3—V 带 4—轴向油压传感器
5—外加载荷传感器 6—螺旋加载杆
7—摩擦力传感器测力装置 8—径向油压传感器
9—主轴及主轴瓦 10—主轴箱

下半部浸泡在润滑油中，当主轴转动时可以把油带入主轴与轴承的间隙中形成油膜。滑动轴承的轴瓦包角为 180°，主轴瓦前端从左到右排列着 7 个小通孔，与轴和轴承之间的间隙连通，每个通孔沿圆周相隔 20°，并且每个通孔中装有空心管，当轴与轴承间隙中的润滑油形成一定压力后，油可以在空心管中流动。

每个空心管的端部分别装有一个径向油压传感器，7 只径向油压传感器的油压测量点位于轴瓦的 1/2 截面处，用来测量该径向平面内相应点的油膜压力，由此绘制出径向油膜压力分布曲线。在轴瓦全长 1/4 处装有轴向油压传感器，用来观察有限长滑动轴承沿轴向的油膜压力。

载荷的改变由螺旋加载装置实现，主轴瓦外圆上方有加载装置。在实验台的箱体上装有一套螺旋装置和载荷传感器、转动螺旋加载杆、压紧传感器，力通过传感器作用在滑动轴承上。改变螺旋杆的转动方向即可改变载荷的大小，所加载荷的值通过传感器数字显示，可在操纵面板上的数码管直接读出。这种加载方式的主要优点是结构简单、可靠，使用方便，载荷的大小可任意调节。

主轴瓦上装有测力杆，可由摩擦力传感器测力装置读出摩擦力，从操纵面板上的数码管直接读出。

2. 实验装置主要参数

（1）试验轴承　轴承内径 $D = 65\text{mm}$；轴瓦有效宽度 $B = 167\text{mm}$；表面粗糙度为 $Ra1.6\mu\text{m}$；材料 ZCnSn5Pb5Zn5。

（2）主轴　直径 $d = 65\text{mm}$；材料为 40Cr；硬度为 48~50HRC。

（3）加载范围　0~700N。

（4）测力杆上测力点距轴承中心距离　$L = 98\text{mm}$。

（5）测力计（百分表）刚度标定值　$K = 0.098$N/格。

（6）百分表精度　0.01mm，量程为 0~5mm。

（7）压力传感器量程　0.6MPa，精度为 0.3%FS。

（8）润滑油动力黏度　0.34Pa·s（68 号机油，20℃）。

（9）电动机功率　355W。

（10）调速范围　0~1500r/min。

3.7.4　实验原理

利用轴承与轴颈配合面之间形成的楔形间隙使轴颈在回转时产生泵油作用，将润滑油挤入摩擦面表面之间，建立起压力油膜，将两个摩擦面分离开来，形成液体摩擦支承外载荷，从而避免两个摩擦表面的直接接触和磨损。这种轴承称为液体动压润滑滑动轴承。

1. 动压油膜的承载机理

如图 3-24 所示，如果板 A 与板 B 不平行，板间的间隙沿运动方向由大变小呈收敛的楔形，则板间的油层速度沿 x 方向不可能恒为线性分布（因为进油口大，出油口小，若速度分布相同则必然导致进油多出油少，这显然不符合流量连续原理，因而是不可

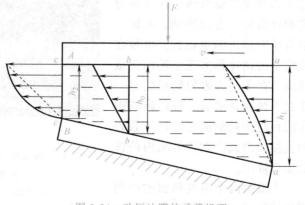

图 3-24　动压油膜的承载机理

能的)，液体实际上是不可压缩的，液体分子必将在间隙内"拥挤"而形成压力，要保证流量连续，进口端的速度分布只能是上凸分布。而出口端的速度分布只能是下凸分布。由于油层在进口端的速度小于出口端的速度，说明截面 a—a、c—c 之间的油压大于进、出口端的油压，也就是说间隙中形成了压力油膜。由于油压是各向同性的，因此作用在板 A 上的油压构成一个合力将板 A 向上顶，要保证板 A 相对于板 B 在 y 方向无相对运动，必须给板 A 施加一个向下的力 F 以平衡油压向上的合力。由此可知，这种情况下，板 A 是能够承受一定载荷 F 的。这种借助相对运动而在轴承间隙中形成的压力油膜称为动压油膜。从截面 a—a 到 c—c 之间，各截面速度分布是不相同的，但必有一截面 b—b 的速度呈三角形分布。

在一定条件下，当各种参数协调时液体动压油膜形成。此时液体动压力能使轴中心与轴瓦中心有一个偏距 e，最小油膜厚度 $h_{\min}$ 在轴颈与轴承中心的连线上，外载荷作用线与轴颈和轴承中心连线所形成的夹角称为偏位角 φ。在实验台上，由于外载荷是加在轴瓦上的，所以动压油膜的形成如图 3-25 所示。

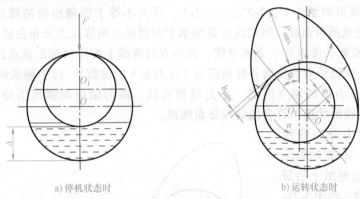

a) 停机状态时　　　　　　　　b) 运转状态时

图 3-25　动压油膜的形成

动压油膜形成的必要条件为：

1）相对滑动的两表面间必须形成收敛的楔形间隙。

2）被油膜分开的两表面必须有足够的相对滑动速度，其运动方向必须使润滑油由大口流进，从小口流出。

3）润滑油必须有一定的黏度，供油要充分。

2. 动压油膜建立的判断

我们通过在 YZC-B 智能型液体滑动轴承实验台上作出摩擦特性曲线（f-λ 曲线）来判断液体动压润滑是否建立，如图 3-26 所示。

向心滑动轴承的摩擦系数 f 随轴承的特性系数 λ（$\lambda = \eta n/p$）值的改变而改变（η 为润滑油的动力黏度，n 为主轴转速，p 为压强，$p = W/BD$，W 为轴承上所受载荷，B 为轴瓦宽度，D 为轴承直径），如图 3-26 所示。在边界摩擦时，f 随 λ 的增大而减小，但变化很小，边界摩擦应该作为轴承设计的极限状况；进入混合摩擦后，f 随 λ 的增大而急剧下降，在刚形成液体摩擦时 f 达到最小值，当 λ 通过转折点后，轴承进入了液体摩擦状态，该状态为滑动轴承的理想工作状况。在液体摩擦区随着 λ 的增大，油

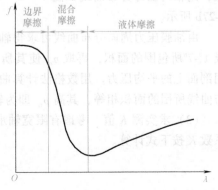

图 3-26　摩擦特性曲线

膜厚度增大，油膜中总的内摩擦阻力相应增加，因而 f 有所增大。

λ-f 曲线表明，滑动轴承形成动压过程中，摩擦系数 f 随轴承特性系数 λ 变化。在实验过程中，只要能建立图 3-26 的曲线，则可判断液体动压润滑能够建立。

3. 观察滑动轴承的液体摩擦现象

在起动主轴时，一定要慢慢加速。因为此时轴承与主轴之间没有油膜，如果加速太快，容易烧坏轴瓦。为此，该实验台人为地设计了轴承保护电路，当没有油膜时，油膜指示灯亮，在形成油膜后，正常工作时油膜指示灯灭。根据油膜指示灯装置，也可以观察液体动压润滑的形成过程和摩擦状态。

4. 测油膜压力分布曲线

（1）周向压力分布曲线和轴向压力分布曲线　运转几分钟待各压力表稳定后，从左至右依次记录 7 只压力表和轴向压力表的读数。以轴承内径 d 为直径画一圆，将半圆周分为 8 等份，如图 3-27a 所示，定出七块压力表的位置 1、2、…、7，由圆心 O 过 1、2、…、7 点引射线，沿径向画出向量 1-1′、2-2′、…、7-7′，其大小等于所测得的油膜压力值，将 1′、2′、…、7′诸点连成圆滑曲线，该曲线就是轴承中间剖面处油膜压力分布曲线。

取一长度为有效长度 B 作一条水平线，在中点的垂线上按比例标出该点压力，（端点为 4′），在距两端 $B/4$ 处沿垂线方向各标出压力（压力表 8 的读数），由于轴承的端泄，其两端压力为零。将各压力值的端点连成一条光滑的曲线，即为轴向油膜压力分布曲线，如图 3-27c 所示。此曲线形状应该符合抛物线分布规律。

（2）周向压力分布曲线的承载分量曲线　根据油膜压力分布曲线，在坐标纸上绘制油膜承载能力曲线。将图 3-27a 中的 1、2、…、7 各点在 OX 轴上的投影定为 1、2、…、7，如图 3-27b 所示，在直径线 0-8 的垂直方向上画出压力向量 1″-1、2″-2、…、7″-7，使其分别等于图 3-27a 中的 1-1′、2-2′、…、7-7′，将 1″、2″、…、7″等诸点连成圆滑曲线，则轴向压力分布曲线如图 3-27b 所示。

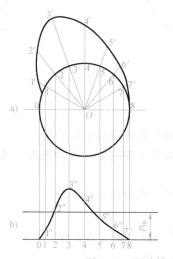
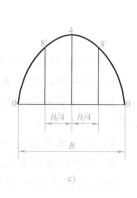

图 3-27　滑动轴承油膜压力分布曲线

由油膜压力周向分布曲线可求得轴承中间剖面上的平均压力。如图 3-27b 所示，求出曲线 1″-7″所包围的面积，再取 p_m 使其所围矩形面积与所求得的面积相等，此 p_m 即为轴承中间剖面上的平均压力。用数格法计算曲线所围的面积，以 0-8 线为底边作一矩形，使其面积与曲线所围的面积相等，其高 p_m 即为轴瓦中间剖面处的 Y 向平均比压。

（3）求实测 K 值　考虑有限宽轴承在宽度 B 方向的端泄对油膜承载量的影响，其影响系数 K 按下式计算。

$$K = \frac{F}{p_m B d}$$

式中　F——轴承外载荷（N）；

p_m——根据油膜压力承载分量的曲线求出的动压油膜的平均压力（MPa）；

B——轴承的有效长度（mm）；

d——轴承的直径（mm）。

（4）摩擦特性曲线 摩擦系数 f 为

$$f = \frac{GL}{Fd/2} = 5\frac{G}{F}$$

式中 G——拉力计读数（N）；

L——力臂（测力杆吊环到轴承中心的距离，mm）。

3.7.5 实验步骤

1. 开机前的准备工作

检查压力传感器，使其触头压在轴瓦上，且有调节的余量；检查螺旋加载装置，使其处于零加载位置；检查调速旋钮，逆时针旋转到底。将轴瓦调整到中间位置（使其指针正对摩擦力传感器中心）。油温应不低于 20°，若达不到此温度，则先起动电动机预热。

2. 滑动轴承压力分布测试

1）打开实验台电源开关，开启计算机，双击图标进入实验台软件的主页面。

2）在主页面上单击鼠标左键，进入滑动轴承实验简介界面。单击【压力分布】进入压力分布测试界面。

3）打开实验台电源，面板数码管显示数据，此时摩擦状态指示灯亮。在滑动轴承压力分布实验界面上单击【开始测试】，开始采集各测试量，同时按键文字变为【停止测试】，再次单击此键停止各测试量的采集。

4）空载起动实验台的电动机达到预定转速（350r/min 左右，在混合摩擦区测拉力计读数时，进行的时间越短越好，以避免轴承损坏）。依次将转速调节到 300r/min、250r/min、200r/min、…、20r/min（临界值附近的转速可根据具体情况选择）后，可进行相应转速下的实验测试。单击【空载清零】，对各测试量进行清零。

5）起动实验台的电动机达到预定转速（350r/min 左右）后，顺时针旋转加载螺杆，逐步加载到预定大小（一般不超过 700N），依次将载荷调节到 600N、500N、400N 等，可进行不同载荷下的加载实验测试。

6）待测试数据稳定后，单击【实测曲线】，界面显示油膜压力周向分布实测曲线。

7）单击【仿真曲线】，界面显示油膜压力周向分布仿真曲线。

8）单击【轴向分布】，界面显示油膜压力轴向分布曲线。

9）测试完毕后先卸去载荷，将调速旋钮逆时针旋转到底，关闭【电动机启停】按钮

10）单击【数据保存】，软件自动将实验数据和结果保存到自定义的文件夹内。

11）如果要查询实验数据或打印实验数据，单击【数据查询】，弹出数据查询界面。

12）如果要做其他实验，单击【返回】进入滑动轴承实验简介界面；如果实验结束，单击【退出】，返回 Windows 界面。

3. 摩擦特性测试

1）在封面上单击鼠标左键，进入滑动轴承实验简介界面。单击【摩擦状态】进入摩擦状态测试界面。

2）打开实验台电源，面板数码管显示数据，在未起动实验台的电动机之前和螺旋弹簧加载装置卸载的状态下，在滑动轴承压力分布实验界面上单击【开始测试】，开始采集各测试量。单击【空载清零】，对各测试量进行清零。

3）起动后，待实验台的电动机达到预定转速（350r/min左右）后，顺时针旋转加载螺杆，逐步加载到预定力（600~700N）

4）等转速稳定后，依次单击【实测计算】和【仿真计算】。

5）逆时针旋转调速按钮，逐渐降低速度，每次转速降低100r/min左右，稳定后重复步骤4），直至转速降到50r/min。

6）等转速低于50r/min时，逆时针缓慢转动调速按钮至转速为每分钟几转，观察此时摩擦状态指示灯变化和摩擦力数值变化情况。

7）单击【实测计算】和【仿真计算】得到摩擦特性曲线。

8）测试完毕后先卸去载荷，将调速旋钮逆时针旋转到底，再关闭【电动机启停】按钮。

9）实验完毕后，关掉实验台操作面板上的调速按钮，使电动机停转，关闭机器电源开关，退出实验操作界面，关闭计算机。

3.7.6　实验注意事项

1）树立严肃认真、一丝不苟的工作精神，掌握正确的实验方法，养成良好的实验习惯，爱护公共设备与财务。

2）开机前先旋松螺旋加载杆，确保卸掉载荷。

3）开机时必须无负载且电极转速由慢到快，以免烧伤轴瓦。

4）实验过程中应缓慢调节调速旋钮，以便于清晰准确地观察液体滑动轴承起动过程所经历的三种摩擦状态。

5）设备运转过程中，不允许用手触摸旋转部位。

6）实验过程中，当遇电动机突然下降或者出现不正常的噪声和振动时，必须先按急停按钮紧急停机，以防电动机突然转速过高而烧坏电动机与电器，防止意外事故的发生。

3.7.7　思考题

1）哪些因素影响液体动压滑动轴承的承载能力及其动压油膜的形成？

2）当载荷增加或转速升高时，油膜压力分布曲线有什么变化？

3）影响轴承承载量的因素有哪些？

4）动压滑动轴承的油膜压力与实验中哪些因素有关？

3.8　空间机构创新组合实验

3.8.1　实验目的

1）掌握空间机构创新模型的使用方法及实验原理。

2）加深对空间机构的组成原理及其运动特性的理解和感性认识。

3）进一步了解空间机构组成及运动特性，掌握空间机构运动方案的各种创新设计方法。

4）培养构思、验证、确定机械运动方案的初步能力；提高创新意识、综合设计及工程实践能力，培养学生的设计与实际操作能力。

5）强化工程意识，加强实践环节训练，进行独立承担实验课题、独立解决工程实际问题能力的实验正规化训练。从中体会：如何从接到一个工程实际课题开始开展实验工作，以及怎样完成一个工业实验的全过程等。

3.8.2　实验要求

1）根据实验项目要求，提出科学的、详细可行的空间机构组合方案。

2）利用现有的空间机构，构建能进行上述实验项目的实验装置。

3）绘制空间机构组合运动简图。

4）根据实验项目要求，搭建空间机构组合方案，观察空间组合机构的运动情况。

3.8.3　实验装置

主要实验设备为JL-KJ空间机构创新组合及虚拟演示实验台（图3-28）。

利用该实验台可拼装出30种空间机构，在具体操作中，教师可以指导学生设计、拼装。利用实验台配套的多功能零件，将自己的构思创意、试凑选型的机构方案，按比例组装成实物模型，并模拟真实的机构运动情况，直观地调整布局、联接方式和运动学尺寸来改进自己的设计，最终确定其设计方案和运动参数。

图3-28　JL-KJ空间机构创新组合模型机架

1）单级传动：V带传动、链传动、锥齿轮传动、斜齿轮传动、蜗杆传动、盘形凸轮机构传动、齿轮齿条机构传动、棘轮机构传动、槽轮机构传动、球面槽轮机构传动、单十字轴万向联轴器传动、双十字轴万向联轴器传动等。

2）直流带减速器电动机，功率为90W，转速在 $0 \sim 250r/min$ 范围内可调。

3）多级空间组合传动：可在上述单级传动及变速器中任选两种或两种以上，用联轴器或离合器联接组成多级组合传动，可任意组合出数百种多级组合传动。

3.8.4　实验步骤

1）仔细阅读典型传动系统装配草图实例或自行设计多级组合传动装配草图。

2）使用JL-KJ空间机构创新组合及虚拟演示实验台的多功能零件，从零件陈列柜中取所需的零部件。

3）在实验台桌面上进行空间机构的初步实验组装，一方面可使各单级传动在空间中运动，另一方面可避免各单级传动之间发生干涉。

4）按照步骤3）的方案，使用实验台的多功能零件，从大带轮输出轴开始组装，依次将各单级传动组装在方钢支架上。

5）试用手动方式转动大带轮，观察整个空间机构组合系统的运动，全都畅通无阻后，把传动带连接起来，起动电动机。

6）最后检查无误后，打开电源试机。

7）通过动态观察空间机构组合系统的运动，对空间机构组合系统的工作情况、运动学及动力学特性做出定性分析和评价。一般包括以下几个方面：

①各单级传动之间是否发生干涉。

②有无"憋劲"现象。

③空间组合系统运动是否连续。

④单级传动是否灵活、可靠地按照设计要求运动。

⑤控制元件的使用及安装是否合理，是否按预定的要求正常工作。

8）若观察空间机构组合系统运动发生问题，则必须按照上述步骤进行重新组装调整，直至该空间机构组合系统灵活、可靠地完全按照设计要求运动。

9）拆卸各零部件，擦净后放入零件陈列柜中并进行登记。将工具擦拭干净放回原处。

3.8.5 典型空间机构组合传动方案拼接示例

1）锥齿轮-圆柱斜齿轮传动机构示意图和装配图，如图 3-29 所示。

2）圆柱斜齿轮-锥齿轮传动机构示意图和装配图，如图 3-30 所示。

图 3-29　锥齿轮-圆柱斜齿轮
传动机构示意图和装配图

图 3-30　圆柱斜齿轮-锥齿轮
传动机构示意图和装配图

3）圆柱斜齿轮-蜗轮蜗杆机构示意图和装配图，如图 3-31 所示。

4）叠加机构示意图和装配图，如图 3-32 所示。

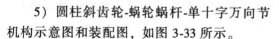

图 3-31　圆柱斜齿轮-蜗轮蜗杆机构示意图和装配图

图 3-32　叠加机构示意图和装配图

5）圆柱斜齿轮-蜗轮蜗杆-单十字万向节机构示意图和装配图，如图 3-33 所示。

6）锥齿轮-蜗轮蜗杆-单十字万向节机构示意图和装配图，如图 3-34 所示。

7）圆柱斜齿轮-双十字万向节-蜗轮蜗杆机构示意图和装配图，如图 3-35 所示。

8）锥齿轮-双十字万向节-蜗轮蜗杆机构示意图和装配图，如图 3-36 所示。

9）平面槽轮-锥齿轮-球面槽轮机构示意图和装配图，如图 3-37 所示。

图 3-33　圆柱斜齿轮-蜗轮蜗杆-单十字
万向节机构示意图和装配图

图 3-34　锥齿轮-蜗轮蜗杆-单十字万向节机构示意图和装配图

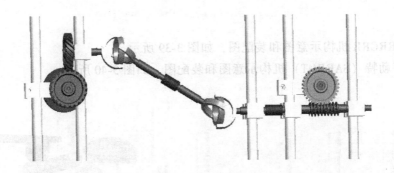

图 3-35　圆柱斜齿轮-双十字万向节-蜗轮蜗杆机构示意图和装配图

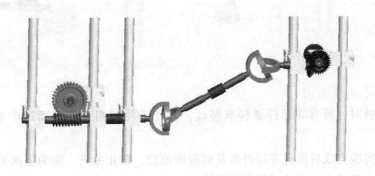

图 3-36　锥齿轮-双十字万向节-蜗轮蜗杆机构示意图和装配图

图 3-37　平面槽轮-锥齿轮-球面槽轮机构示意图和装配图

10）自动传送链机构示意图和装配图，如图 3-38 所示。

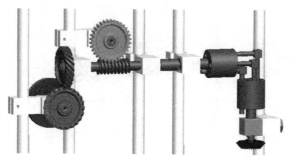

图 3-38　自动传送链机构示意图和装配图

11）RRRCRR 机构示意图和装配图，如图 3-39 所示。

12）萨勒特（SARRUT）机构示意图和装配图，如图 3-40 所示。

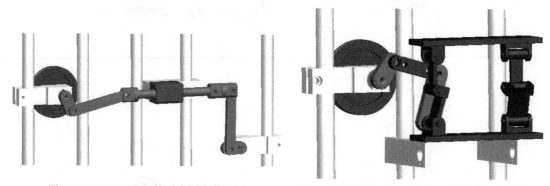

图 3-39　RRRCRR 机构示意图和装配图　　　　图 3-40　萨勒特（SARRUT）机构示意图和装配图

3.8.6　实验注意事项

1）在实验时，所有零部件要轻拿轻放，防止零件间相互碰撞而产生毛刺，影响下次实验。

2）每次实验完成后所有零部件要及时放回原位，防止丢失，影响下次实验。

3）组队实验时，在实验过程中不得嬉戏玩耍，防止事故发生。

4）组队实验过程中，在机构没有完全确认完成前，不能打开电动机，防止事故发生。

5）实验过程中，女生要把头发扎好，不能穿裙子进行实验，防止事故发生。

6）每次实验前，一定要熟读以上注意事项。

3.8.7　思考题

1）通过比较说明圆柱齿轮传动与锥齿轮传动的传动特点。

2）通过比较说明单十字轴万向联轴器与双十字轴万向联轴器的传动特点。

3）通过比较说明槽轮机构与球面槽轮机构的传动特点。

4）试分析影响空间机构组合系统连续运动的因素。

5）空间机构组合系统在运动过程中是否具有刚性冲击和柔性冲击？

3.9 "机械设计实验"实验报告

3.9.1 带传动实验报告

学 生 姓 名		学 号		成 绩	
实 验 时 间		年 月 日 第 节		组 别	
学 院				实验教师	

一、实验目的

二、实验原理

三、实验传动简图（图中应标出各部分的名称）

四、实验装置原始数据

V带：规格型号_____。

带轮：D_1 =____mm；D_2 =____mm；中心矩为____mm；传动比为____。

电动机：型号为____；额定功率为____kW；同步转速 n_d =____r/min。

转矩转速传感器：

输入端：型号为_____；额定转矩为_____N·m；转速范围为_____r/min。

输出端：型号为_____；额定转矩为_____N·m；转速范围为_____r/min。

磁粉制动（加载）器：型号为____；额定转矩为____N·m；允许滑差功率为____kW。

五、测定 V 带传动效率及滑动率时选择的工况参数

电动机转速 $n_1 =$ _____ r/min；加载（负载）范围为 _____ kW。

实验数据采集方式为 _____ 采样；带的挠度 _____ mm。

六、实验步骤

七、实验结果及分析

1）V 带传动实验结果（将实验基本信息、实验数据和实验曲线附于本实验报告后面）。

2）对 V 带传动实验结果进行分析。

3）通过实验，观察、描述带传动的弹性滑动及打滑现象。

八、思考题

1）带传动的弹性滑动和打滑现象有何区别？在传动中哪种现象可以避免？当 $D_1 < D_2$ 时打滑发生在哪个带轮上？试分析原因。

2）影响带传递功率的因素有哪些？

3.9.2　啮合传动实验报告

学 生 姓 名		学　号		成　绩	
实 验 时 间		年　月　日第　　节		组　别	
学院				实验教师	

一、实验目的

二、实验原理

三、实验传动简图（图中应标出各部分的名称）

四、实验装置原始数据（四选一）

1. 同步带传动

同步带轮齿数 $z_主$ = ____、$z_从$ = ____，同步带长度为 ____mm，减速比为 ____。

2. 链传动

链号为 ____；链节距为 ____mm；链轮齿数 $z_主$ = ____、$z_从$ = ____；减速比为 ____。

3. 齿轮减速器

类型为____；齿数 $z_主$ =____、$z_从$ =____；减速比为____；中心距为____mm。

4. 蜗杆减速器

类型为____；蜗杆头数 $z_主$ =____；蜗轮齿数 $z_从$ =_____，减速比为_____；中心距为_____mm。

五、测定啮合传动效率及滑动率时选择的工况参数

电动机转速 n_1 =____r/min；载（负载）范围为_____kW。

实验数据采集方式为_____采样。

六、实验步骤

七、实验结果及分析

1）啮合传动实验结果（将实验基本信息、实验数据和实验曲线附于本实验报告后面）。

2）对啮合传动实验结果进行分析。

八、思考题

1）影响啮合传动装置功率的因素有哪些？

2）啮合传动中各种传动类型各有什么特点？其应用范围如何？

3.9.3 机械传动系统设计及系统参数测试实验报告

学 生 姓 名		学 号		成 绩	
实 验 时 间		年 月 日 第 节		组 别	
学院				实验教师	

一、实验目的

二、实验题目

三、设计实验方案说明

四、实验原理

五、实验传动简图（图中应标出各部分的名称）

六、实验步骤

七、实验结果及分析

1）实验结果（将实验基本信息、实验数据和实验曲线附于本实验报告后面）。

2）对实验结果分析。

八、思考题

1）影响"系统"效率的因素有哪些？选择多级机械传动系统方案时应考虑哪些问题？

2）一般情况下，在由带传动、链传动等组成的多级机械传动系统中，带传动、链传动在传动系统中应如何布置？为什么？

3.9.4 减速器的拆装与结构分析实验报告

学生姓名		学 号		成 绩	
实验时间		年 月 日 第 节		组 别	
学院				实验教师	

一、实验目的

二、减速器的主要参数

减速器名称							
齿数及旋向		齿数	旋向	中心距		高速级/mm	
	z_1					低速级/mm	
	z_2			中心高		H/mm	
	z_3			箱体外廓尺寸		(长/mm)×(宽/mm)×(高/mm)	
	z_4			地脚螺栓孔距		(长/mm)×(宽/mm)	
传动比	i_1				轴承代号		
	i_2			输入轴			
	i			中间轴			
润滑方式	齿轮			输出轴			
	轴承				齿轮副侧隙/μm		
密封方式	轴与端盖孔之间						
	上箱盖与下箱之间						
模数	m_n	高速级					
		低速级					

三、绘制减速器传动示意图 (图中应标出中心距、输入轴、输出轴、齿轮序号及旋向、轴承代号)

四、绘制输出轴的轴系结构装配草图

五、减速器外观附件名称及其作用

序号	外观附件名称	作　用
1		
2		
3		
4		
5		
6		
7		
8		

六、轴系结构分析

1）以输入轴为例，说明齿轮在轴上的轴向定位和周向定位方式。

2）以输出轴为例，说明轴承在轴上的轴向定位和周向定位方式，以及轴承游隙的调整方法。

3）说明需要调整的间隙是轴向间隙还是径向间隙，以及调整的原因及方法。

4）说明轴系在箱体上的定位方式。

3.9.5 机械零件及结构认知实验报告

学生姓名		学　号		成　绩	
实验时间		年　月　日　第　　节		组　别	
学院				实验教师	

一、实验目的

二、实验装置

三、实验展示内容清单

四、思考题

1）常用机械联接的基本类型有哪些？各适用于什么场合？

2）螺栓联接为什么要防松？常见的防松原理及防松装置有哪些？

3）心轴、转轴、传动轴的受载特点是什么？受载截面上的应力分布如何？

4）哪些类型的轴承可以自动调心？为什么能自动调心？

5）V带、平带和同步带传动各有什么特点？它们各用于何种场合？有哪些张紧方法？其有什么特点？

6）为什么蜗杆多为蜗杆轴的结构形式，而蜗轮多为组合结构形式？

7）润滑剂的基本功用是什么？机械中常用的润滑剂有哪几种？

8）非接触式密封装置为什么能起密封作用？

3.9.6 复杂轴系拆装及结构分析实验报告

学生姓名		学号		成 绩	
实验时间		年 月 日第 节		组 别	
学院				实验教师	

一、实验目的

二、轴系结构方案示意图

三、轴系结构装配草图

四、思考题

1）轴上零件在轴上的定位方式及其与轴的配合方式有哪些？

2）分析在设计时如何考虑结构工艺性、装拆工艺性、加工工艺性等工艺性方面的要求。

3）轴承的游隙是怎么调整的？调整方法有哪些特点？

4）完成轴系结构的设计中，采用了哪些轴上零件的定位与固定方法？这些方法有什么特点？

5）轴系轴向位置调整的作用是什么？在哪些传动场合轴系需要能在轴向做严格调整？

6）绘出的轴系、轴承配置方法是哪一种？为什么采用这种方法？

7）绘出的复杂轴系轴上零件采用什么方法进行周向固定和轴向固定？

8）悬臂锥齿轮轴系组合设计中采用的轴承套的作用是什么？在轴承套内成对安装的圆锥滚子轴承可采用"面对面"和"背对背"两种方式，比较两种方案的特点。

3.9.7 液体动压润滑向心滑动轴承实验报告

学生姓名		学 号		成 绩	
实验时间		年 月 日 第 节		组 别	
学院				实验教师	

一、实验目的

二、实验原理

三、实验台结构简图

四、实验步骤

五、测定油膜压力分布时的工况参数

轴径转速 $n =$ _____ r/min。

静压加载油枪油压 $p_0 =$ _____ MPa。

轴承循环润滑系统油压 $p_L =$ _____ MPa。

六、实验记录与数据处理

1）润滑油工作温度 $t =$ _____ ℃。

2）测得轴瓦圆周上均布的1~7点的周向油膜压力值。

p_1	p_2	p_3	p_4	p_5	p_6	p_7

3）测得第8点轴瓦上轴向油膜压力 $p_8 =$ _____ MPa。

4）绘制周向油膜压力曲线。按一定的比例在附图3-1中从圆周上开始沿径向延长线方向截取1~7点的周向油膜压力值，得点 $1'$~$7'$，将各点连成一条光滑曲线，即为周向油膜压力曲线。

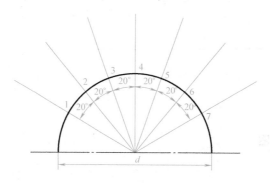

附图3-1　周向油膜压力曲线

5）绘制轴向油膜压力曲线。根据位置4和位置8处的油膜压力大小按一定比例在附图3-2上相应位置上描点，得 $4'$、$8'$点，并将0、$4'$、$8'$、0连成一条光滑曲线，即为轴向油膜压力曲线。

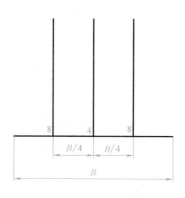

附图3-2　轴向油膜压力曲线

6）求液体动压向心滑动轴承端泄影响系数 K。

① 根据实测的周向油膜压力分布图，在方格纸上绘制其承载量分布曲线。按方格数方法，求出平均油膜压力 $p_m =$ _____ MPa。将承载量分布曲线贴于下方。

② 按端泄影响系数计算公式 $K = F/(p_m B d)$ 计算 K 值。$K =$ _____。

其中，$B = 167$mm，直径 $d = 65$mm，$F = 9.81 \, (P_0 A + G_0)$ N，$G_0 = 7.5$kgf（1kgf ≈ 9.8N）$A = 60$cm^2。

7）摩擦系数与轴承特性系数 f-λ 曲线。

拉力计读数								
n								
f								
λ								

根据实测数据，在方格纸上绘制轴承的 f-λ 曲线并贴在下方。

七、思考题

1）哪些因素影响液体动压向心滑动轴承的承载能力及其动压油膜的形成？

2）液体动压向心滑动轴承的油膜压力与实验中哪些因素有关？

3.9.8 空间机构创新组合实验报告

学生姓名		学号		成　绩	
实验时间		年　月　日　第　　节		组　别	
学院				实验教师	

一、实验目的

二、实验传动简图

三、设计实验方案说明

四、实验装置及各单级传动型号

五、实验步骤

六、思考题

1）通过比较说明圆柱齿轮传动与锥齿轮传动的传动特点。

2）通过比较说明单十字轴万向联轴器与双十字轴万向联轴器的传动特点。

3）通过比较说明槽轮机构与球面槽轮机构的传动特点。

4）试分析影响空间机构组合系统连续运动的因素。

5）说明空间机构组合系统在运动过程是否具有刚性冲击和柔性冲击。

第4章　机械零件几何量的精密测量实验

4.1　用立式光学计测量轴径实验

4.1.1　实验目的

1）了解立式光学计的结构和测量原理。

2）掌握用立式光学计测量外径的方法。

3）加深理解相对测量方法。

4.1.2　实验内容

1）以量块作为标准量，用立式光学计相对测量法测量轴径。

2）根据测量结果，按被测轴径的尺寸公差，做出适用性结论。

4.1.3　测量原理及计量器具说明

用立式光学计测量轴径，一般采用相对测量法，即根据被测件的公称尺寸 L，以量块为长度基准，把仪器调零，然后在仪器上测量出被测件与公称尺寸的偏差 ΔL，即可得出被测轴径 $d=L+\Delta L$。

立式光学计是一种高精度光学机械式仪器。图 4-1 为立式光学计外形图，它由底座 1、立柱 5、横臂 3、直角光管 6 和工作台 11 等组成。光学计是利用光学杠杆放大原理进行测量的仪器，将微小的位移量转换为光学影像的移动量，其光学系统如图 4-2b 所示。照明光线经进光反射镜 1 照射到刻度尺 8 上，再经全反射棱镜 2、物镜 3，照射到反射镜 4 上。由于刻度尺 8 位于物镜 3 的焦平面上，故从刻度尺 8 上发出的光线经物镜 3 后成为平行光束。若反射镜 4 与物镜 3 之间相互平行，则反射光线折回到焦平面，刻度尺像 7 与刻度尺 8 对称。若被测尺寸变动使测杆 5 推动反射镜 4 绕支点转动某一角度 α（图 4-2a），则反射光线相对于入射光线转动 2α 角度，从而使刻度尺像 7 产生位移 t（图 4-2c），它代表被测尺寸的变动量。

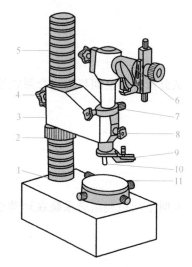

图 4-1　立式光学计外形图

1—底座　2—粗调螺母　3—横臂　4—横臂紧固螺钉
5—立柱　6—直角光管　7—偏心手轮　8—微动托圈
紧固螺钉　9—测头提升杠杆　10—测头　11—工作台

物镜至刻度尺 8 间的距离为物镜焦距 f，设 b 为测杆中心至反射镜支点间的距离，s 为测杆 5 移动的距离，则仪器的放大比 K 为

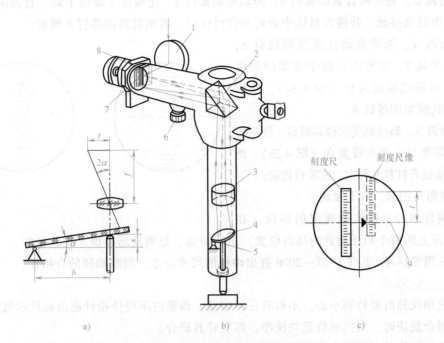

a)　　　　　　　　　　　b)　　　　　　　c)

图 4-2　立式光学计测量原理图

1—进光反射镜　2—全反射棱镜　3—物镜　4—反射镜　5—测杆
6—微调螺钉　7—刻度尺像　8—刻度尺　9—指示线

$$K=\frac{t}{s}=\frac{f\tan2\alpha}{b\tan\alpha} \qquad (4-1)$$

当 α 很小时，$\tan2\alpha\approx2\alpha$，$\tan\alpha\approx\alpha$，因此

$$K=\frac{2f}{b} \qquad (4-2)$$

分度尺的分度值为 0.001mm，正负方向各有 100 个刻度，因此光学计的示值范围为 ±0.1mm。光学计的目镜放大倍数为 12，$f=200$mm，$b=5$mm，故仪器的总放大倍数为

$$n=12K=12\,\frac{2f}{b}=12\times\frac{2\times200\text{mm}}{5\text{mm}}=960$$

由此说明，当测杆移动 0.001mm 时，在目镜中可见到 0.96mm 的位移量。

4.1.4　测量步骤

1）测头的选择。测头有球形测头、平面形测头和刀口形测头三种，根据被测零件表面的几何形状来选择。选择原则是使被测工件与测头尽量满足点接触，以减少测量误差。所以，测量平面或圆柱面工件时，选用球形测头。测量球面工件时，选用平面形测头。测量小于 10mm 的圆柱面工件时，选用刀口形测头。

2）根据被测轴径的公称尺寸组合量块。

3）仪器调零。

① 如图 4-1 所示，选好量块组后，将下测量面置于工作台 11 的中央，并使测头 10 对准上测量面中央。

② 粗调节。松开横臂紧固螺钉 4，转动粗调螺母 2，使横臂 3 缓慢下降，直到测头与量块上测量面轻微接触，并能在目镜中看到刻度尺像时，将横臂紧固螺钉 4 锁紧。

③ 细调节。松开微动托圈紧固螺钉 8，转动偏心手轮 7，直至在目镜中观察到刻度尺像与 μ 指示线接近为止（图 4-3a），然后拧紧微动托圈紧固螺钉 8。

④ 微调节。转动刻度尺微调螺钉，使刻度尺的零线影像与 μ 指示线重合（图 4-3b），然后压下测头提升杠杆 9 数次，使零位稳定。

⑤ 将测头抬起，取下量块。

4）测量轴径。按实验规定的部位（在三个横截面上的两个相互垂直的径向位置）进行测量，把测量结果填入实验报告。

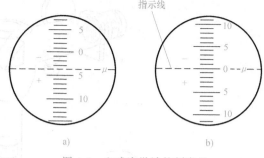

图 4-3　立式光学计的刻度尺

5）从国家标准 GB/T 1957—2006 查出轴径的尺寸公差，判断轴径的合格性。

4.1.5　注意事项

1）使用仪器时要特别小心，不得有任何碰撞，调整时不应使指针超出标尺示值范围。

2）组合量块时，用汽油将量块洗净，然后将其研合。

3）手持量块的时间不宜太长，否则会因热膨胀引起显著的测量误差。

4.1.6　思考题

1）用立式光学计测量塞规属于什么测量方法？绝对测量与相对测量各有何特点？

2）什么是分度值、刻度间距？它们与放大比的关系如何？

3）仪器工作台与测杆轴线不垂直，对测量结果有何影响？工作台与测杆轴线垂直度如何调节？

4）仪器的测量范围和刻度尺的示值范围有何不同？

4.2　用内径指示表测量孔径实验

4.2.1　实验目的

1）了解内径指示表的结构、原理和测量方法。

2）掌握内尺寸——孔径的测量特点。

3）巩固零件中孔的有关尺寸及几何公差的概念，由测量数据判断孔合格性的方法。

4.2.2　实验内容

用内径指示表（分度值 0.01mm）测量孔径。

4.2.3　测量原理及计量器具说明

一般精度的孔，生产数量较少时，可用杠杆千分尺、内径千分尺、游标卡尺等进行绝对测量。但对深孔或公差等级较高的孔，则常用内径指示表进行相对测量。因此，在测量零件之前先用量块组组成标准尺寸 L 调整仪器的零点，然后用内径指示表测出孔径相对零位的偏差 ΔL，则被测孔径为 $D = L + \Delta L$。

国产的内径指示表，常由工作行程不同的七种规格的活动测头组成一套，用以测量 10~450mm 的内径，特别适用于测量深孔，其典型结构如图 4-4 所示。

内径指示表是用可换的固定测头 3 和活动测头 2 与被测孔壁接触进行测量的。仪器盒内有几个长短不同的可换测头，使用时可按被测尺寸的大小来选择。测量时，活动测头 2 受到一定的压力，向内推动镶在等臂直角杠杆 1 上的钢球 4，使杠杆 1 绕支轴 6 回转，并通过长推杆 5 推动指示表的测杆而进行读数。

在活动测头的两侧，有对称的定位板 8。装上活动测头 2 后，即与定位板连成一个整体。定位板在弹簧 9 的作用下，对称地压靠在被测孔壁上，以保证测头的轴线处于被测孔的直径截面内。

4.2.4　测量步骤

1）按被测孔的公称尺寸组合量块。换上相应的可换测头并拧入仪器的相应螺孔内。

2）将选用的量块组和专用测量块（图 4-5 中的 1 和 2）一起放入量块夹内夹紧，以便仪器对零位。在大批量生产中，也常按照与被测孔径公称尺寸相同的标准环的实际尺寸对准仪器的零位。

3）将仪器对好零位。用手拿着隔热手柄（图 4-4 中的 7），另一只手的食指和中指轻轻压按定位板，将活动测头压靠在侧块上（或标准环内）使活动测头内缩，以保证放入可换测头时不与侧块（或标准环内壁）摩擦而避免磨损。然后，松开定位板和活动测头，使可换测头与侧块接触，就可在垂直和水平两个方向上摆动内径指示表找最小值。反复摆动几次，并相应地旋转表盘，使指示表的零线正好对准示值变化的最小值。零位对好后，用手指轻压定位板使活动测头内缩，当可换测头脱离接触时，缓缓地将内径指示表从侧块（或标准环）内取出。

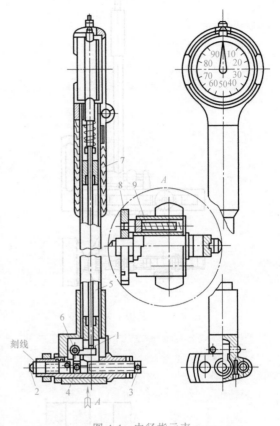

图 4-4　内径指示表

1—等臂直角杠杆　2—活动测头　3—固定测头
4—钢球　5—推杆　6—支轴　7—隔热手柄
8—定位板　9—弹簧

4）测量。将内径指示表插入被测孔中，沿被测孔的轴线方向测几个截面、每个截面要在相互垂直的两个部位上各测一次。但测量时，内径指示表也可能倾斜，如图 4-6 虚线位置所示，所以在测量时应将量杆左右摆动，记下示值变化的最小值为实际尺寸。在孔的三个截面两个垂直方向上，共测 6 个点，如图 4-7 所示。根据测量结果和被测孔的公差要求，判断被测孔是否合格。

4.2.5　思考题

1）用内径千分尺与内径指示表测量孔的直径时，各属何种测量方法？

2）为什么内径指示表调整示指零位和测量孔径时都要摆动量杆，找指示表指示的最小值？

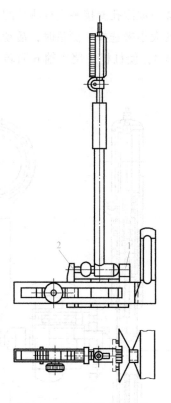

图 4-5　内径指示表调零位

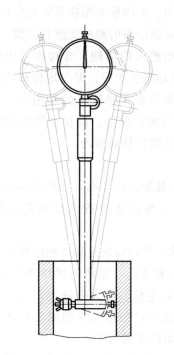

图 4-6　内径指示表测量孔径

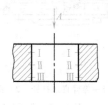

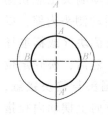

图 4-7　测量位置

4.3　用光切法显微镜测量表面粗糙度实验

4.3.1　实验目的

1）了解用光切法显微镜测量表面粗糙度的原理和方法。

2）加深对表面粗糙度评定参数 Rz 和单峰平均间距 s 的理解。

4.3.2　实验内容

用光切法显微镜测量表面粗糙度的 Rz 和 s 值。

4.3.3　测量原理及计量器具说明

如图 4-8 所示，微观不平度十点高度 Rz 是在取样长度 l 内，从平行于轮廓中线 m 的任意一条线算起，到被测轮廓的五个最高点（峰）和五个最低点（谷）之间的平均距离，即

$$Rz = \frac{(h_2 + h_4 + \cdots + h_{10}) - (h_1 + h_3 + \cdots + h_9)}{5} \tag{4-3}$$

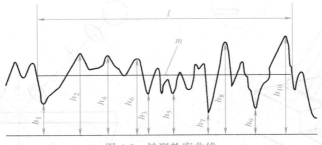

图 4-8 被测轮廓曲线

光切法显微镜的外形如图 4-9 所示。光切法显微镜能测量 $1\sim80\mu m$ 的表面粗糙度的 Rz 值。

光切法显微镜是利用光切原理来测量表面粗糙度的，如图 4-10 所示。被测表面为 P_1、P_2 阶梯表面，当一平行光束从 45° 方向投射到阶梯表面上时，就被折成 S_1 和 S_2 两段。从垂直于光束的方向上就可在显微镜内看到 S_1 和 S_2 两段光带的放大像 S_1' 和 S_2'。同样，S_1 和 S_2 之间的距离 h 也被放大为 S_1' 和 S_2' 之间的距离 h'。通过测量和计算，可求得被测表面的不平度高度 h。

图 4-11 为光切法显微镜的光学系统图。由光源 1 发出的光，经聚光镜 2、狭缝 3、物镜 4，以倾斜 45° 投射到被测工件表面上。调整仪器使反射光束进入与投射光管垂直的观察光管内，经物镜 5 成像在目镜分划板上，通过目镜可观察到凹凸不平的光带（图 4-12b）。光带边缘即工件表面上被照亮了的 h_1 的放大轮廓像为 h_1'，测量光带边缘的宽度 h_1'，可求出被测表面的不平度高度 h。

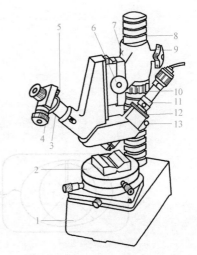

图 4-9 光切法显微镜的外形
1—底座 2—工作台 3—观察光管 4—目镜
5、9—紧固螺钉 6—微调手轮 7—支臂
8—立柱 10—粗调螺母 11—投射光管
12—调焦环 13—调节螺钉

$$h = h_1 \cos45° = \frac{h_1'}{N} \cos45° \tag{4-4}$$

式中 N——物镜放大倍数。

为了测量和计算方便，测微目镜中十字线的移动方向（图 4-12a）和被测量光带边缘宽度 h_1' 成 45° 斜角（图 4-12b），故目镜测微器刻度套筒上的读数值 h_1'' 与不平度高度的关系为

$$h_1'' = \frac{h_1'}{\cos45°} = \frac{Nh}{\cos^2 45°} \tag{4-5}$$

所以

$$h = \frac{h_1'' \cos^2 45°}{N} = \frac{h_1''}{2N}$$

式中，$\frac{1}{2N} = C$，C 为刻度套筒的分度值或称为换算系数，它与投射角 α、目镜测微器的结构和物镜放大倍数有关。

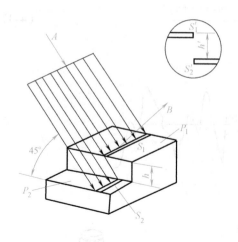

图 4-10 光切原理

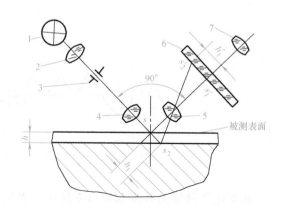

图 4-11 光切法显微镜光学系统图

1—光源 2—聚光镜 3—狭缝 4、5—物镜
6—分划板 7—目镜测微器

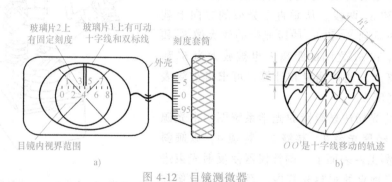

图 4-12 目镜测微器

4.3.4 测量步骤

1. 微观不平度十点高度 Rz 的测量

1）根据被测工件表面粗糙度的要求，按表 4-1 选择合适的物镜组，分别安装在投射光管和观察光管的下端。

表 4-1 物镜参数表

物镜放大倍数 N	总放大倍数	视场直径/mm	物镜工作距离/mm	测量范围 Rz/μm
7×	60×	2.5	17.8	10~80
14×	120×	1.3	6.8	3.2~10
30×	260×	0.6	1.6	1.6~6.3
60×	520×	0.3	0.65	0.8~3.2

2）接通电源。

3）将被测工件擦净后放在工作台上，并使被测表面的切削痕迹（加工纹路）方向与光带方向垂直。当测量圆柱形工件时，应将工件置于 V 形块上。

4）粗调节：参看图 4-9，用手托住支臂 7，松开紧固螺钉 9，缓慢旋转支臂粗调螺母 10，使支臂 7 上下移动，直到目镜中观察到绿色光带和表面轮廓不平度的影像（图 4-12b）。然后，将紧固螺钉 9 紧固。要注意防止物镜与工件表面相碰，以免损坏物镜组。

5）细调节：缓慢而往复转动微调手轮 6，调焦环 12 和调节螺钉 13，使目镜中光带最狭窄，轮廓影像最清晰并位于视场的中央。

6）松开紧固螺钉 5，转动目镜测微器，使目镜中十字线的一根线与光带轮廓中心线大致平行（此线代替平行于轮廓中线的直线）。然后，将紧固螺钉 5 紧固。

7）根据被测表面粗糙度 Rz 的数值，按国家标准 GB/T 1031—2009 的规定选取取样长度和评定长度。

8）旋转目镜测微器的刻度套筒，使目镜中十字线的一根线与光带轮廓一边的峰（或谷）相切，如图 4-12b 实线所示，并从测微器读出被测表面的峰（或谷）的数值。以此类推，在取样长度范围内分别测出五个最高点（峰）和五个最低点（谷）的数值，然后计算出 Rz 的数值。

9）纵向移动工作台，按上述第 8 项测量步骤在评定长度范围内，共测出 n 个取样长度上的 Rz 值，取它们的平均值作为被测表面微观不平度十点高度。按下式计算

$$Rz(平均) = \frac{\sum_{i=1}^{n} Rz}{n} \tag{4-6}$$

2. 单峰平均间距 s 的测量

用测微目镜（图 4-12b）中的垂直线，对准光带轮廓的第一个峰，从工作台的纵向移动千分尺上，读取第一个读数 s_1。纵向移动工作台，在取样长度范围内，用垂直线对准光带轮廓的第 n 个单峰，从纵向千分尺上，读出第 n 个单峰的读数 s_n，单峰平均间距 s 的计算公式为

$$s = \frac{s_n - s_1}{n-1} \tag{4-7}$$

根据上述计算结果，判断被测表面粗糙度尺 Rz 值和 s 值的适用性。

4.3.5　思考题

1）为什么只测量光带一边的最高点（峰）和最低点（谷）？

2）测量表面粗糙度还有哪些方法？其应用范围如何？

3）用光切法显微镜测量表面粗糙度为什么要确定分度值 C？如何确定？

4.4　用合像水平仪测量直线度误差实验

4.4.1　实验目的

1）掌握用水平仪测量直线度误差的方法及数据处理。

2）加深对直线度误差定义的理解。

4.4.2　实验内容

用合像水平仪测量直线度误差。

4.4.3　测量原理及计量器具说明

机床、仪器导轨或其他窄而长的平面，为了控制其直线度，常在给定平面（垂直平面、水平平面）内进行直线度误差检测。常用的计量器具有框式水平仪、合像水平仪、电子水平仪和自准直仪等。这类器具的共同特点是可用于测定微小角度的变化。由于被测表面存在着直线度误差，因此将计量器具置于不同的被测部位上，其倾斜角度就要发生相应的变化。如果节距（相邻两测点的距离）一经确定，这个变化的微小倾角与被测相邻两点的高低差就有确切的对应关系。通过对逐个节距的测量，得出变化的角度，通过作图或计算，即可求

出被测表面的直线度误差值。合像水平仪具有测量准确度高、测量范围大（±10mm/m）、测量效率高、价格便宜、携带方便等优点，故在检测工作中得到了广泛的采用。

合像水平仪的结构如图 4-13 所示。它由底座 1 和壳体 4 组成外基体，其内部则由杠杆 2、水准器 8、棱镜组 7、测量系统（9、10、11）以及放大镜 6 所组成。使用时将合像水平仪放于桥板上相对不动，再将桥板放在被测表面上。如果被测表面无直线度误差，并与自然水平面基准平行，此时水准器的气泡则位于两棱镜的中间位置，气泡边缘通过合像棱镜组 7 所产生的影像，在放大镜 6 中观察将出现如图 4-13b 所示的情况。但在实际测量中，由于被测表面安放位置不理想和被测表面本身不直，导致气泡移动，其视场将如图 4-13c 所示。此时可转动测微螺杆 10，使水准器转动一定角度，从而使气泡返回棱镜组 7 的中间位置，则图 4-13c 中两影像的错移量 Δ 消失而恢复成一个光滑的半圆头（图 4-13b）。测微螺杆移动量 S 导致水准器的转角 α（图 4-13d）与被测表面相邻两点的高低差 h（μm）有确切的对应关系，即

$$h = 0.01L\alpha \tag{4-8}$$

式中   0.01——合像水平仪的分度值（mm/m）；

L——桥板节距（mm）；

α——角度读数值（用格数来计数）。

如此逐点测量，就可得到相应的 α_i 值。为了阐述直线度误差的评定方法，后面将用实例进行说明。

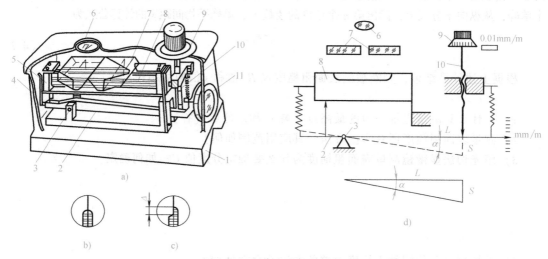

图 4-13 合像水平仪的结构

1—底座 2—杠杆 3—支架 4—壳体 5—支承架 6、11—放大镜 7—棱镜组 8—水准器 9—微分筒 10—测微螺杆

4.4.4 实验步骤

1）量出被测表面总长，确定相邻两测点之间的距离（节距），按节距 L 调整桥板（图 4-14a）的两圆柱中心距。

2）将合像水平仪放于桥板上，然后将桥板依次放在各节距的位置（图 4-14）。每放一个节距后，要旋转微分筒 9 合像，使放大镜中出现如图 4-13b 所示的影像，此时即可进行读数。

先在放大镜 11 处读数，它反映测微螺杆 10 的旋转圈数；微分筒 9（标有 +、- 旋转方向）的读数则是测微螺杆 10 旋转一圈（100 格）的细分读数。依次在 1~2、2~3 等位置进行测量，如此顺测，得到各点读数。

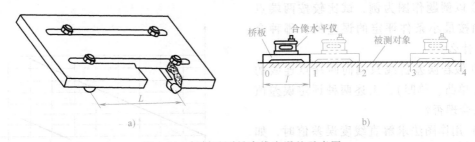

图 4-14　板桥及测量直线度误差示意图

3）自终点至首点再进行一次回测。回测时桥板不能掉头，得到回测读数。将各测点两次读数的平均值作为该点的测量数据。必须注意：如某测点两次读数相差较大，说明测量情况不正常，应检查原因并加以消除后重测。

4）把测得的值依次填入实验报告中，并用图解法按最小条件进行数据处理，求出被测表面的直线度误差。

5）数据处理。数据处理方法有计算法和作图法两种。作图法步骤如下：

① 为了作图方便，最好将各测点的读数平均值同减一个数而得出相对差（见后面的例题）。

② 根据各测点的相对差，在坐标纸上取点。作图时不要漏掉首点（零点），同时后一测点的坐标位置是以前一点为基准，根据相邻差数取点的。然后连接各点，得出误差折线。

③ 用两条平行直线包容误差折线，其中一条直线必须与误差折线两个最高（最低）点相切，在两切点之间，应有一个最低（最高）点与另一条平行直线相切。这两条平行直线之间的区域才是最小包容区域。从平行于纵坐标方向画出这两条平行直线间的距离，此距离就是被测表面的直线度误差值 f（格）。

④ 将误差值 f（格）按下式折算成线性值 f（μm），并按国家标准 GB/T 1184—1996 评定被测表面直线度的公差等级。

$$f(\mu m) = 0.01 Lf (格)$$

例：用合像水平仪测量一窄长平面的直线度误差，仪器的分度值为 0.01mm/m，选用的桥板节距 $L = 200$mm，测量直线度记录数据见表 4-2。若被测平面直线度的公差等级为 5 级，试用作图法（图 4-15）评定该平面的直线度误差是否合格。

表 4-2　测量直线度误差记录数据

测点序号 i		0	1	2	3	4	5	6	7	8
仪器读数 α_i（格）	顺测	—	298	300	290	301	302	306	299	296
	回测	—	296	298	288	299	300	306	297	296
	平均	—	297	299	289	300	301	306	298	296
相对差（格）$\Delta \alpha_i = \alpha_i - \alpha$		0	0	+2	-8	+3	+4	+9	+1	-1

注：1. 表列读数：百位数是从图 4-13 的 11 处得得，十位、个位数是从图 4-13 的 9 处得得。

　　2. α 值可取任意数，但要有利于相对差数字的简化，本例取 $\alpha = 297$ 格。

$$f = 0.01mm/m \times 200mm \times 11 = 22\mu m$$

按国家标准 GB/T 1184—1996，直线度 5 级公差值为 25μm。误差值小于公差值，所以被测工件直线度误差合格。

4.4.5　思考题

1）目前部分工厂用作图法求解直线度误差时，仍沿用以往的两端点连线法，即把误差折线的首点（零点）和终点连成一条直线作为评定标准，然后再作平行于评定标准的两条包容直线，按平行于纵坐标来计量两条包容直线之间的距离作为直线度误差值。

① 以例题作图为例，试比较按两端点连线和按最小条件评定的误差值，哪种合理？为什么？

② 假若误差折线只偏向两端点连线的一侧（单凸、单凹），上述两种评定误差值的方法合理否？

2）用作图法求解直线度误差值时，如前所述，总是按平行于纵坐标计量，而不是垂直于两条平行包容直线之间的距离，原因何在？

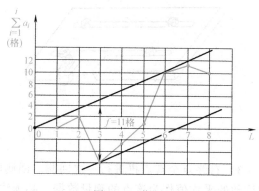

图 4-15　作图

4.5 "机械零件几何量的精密测量实验" 实验报告

4.5.1 用立式光学计测量轴径实验报告

学生姓名		学号		成　绩	
实验时间		年 月 日 第　　节		组　别	
学院				实验教师	

一、实验目的

二、实验数据

仪器	名称	分度值 /mm	示值范围 /mm	测量范围 /mm	不确定度 /mm	不确定允许值 /mm

被测零件	名称及尺寸	极限尺寸/mm		验收极限尺寸/mm		安全裕度 A /mm
	轴 φ20m7	上	下	上	下	

仪器调零尺寸/mm			轴公差带图(标明验收极限)		

轴径实际偏差/mm				
横截面		a—a	b—b	c—c
方向	I—I			
	II—II			

轴径实际尺寸/mm				
横截面		a—a	b—b	c—c
方向	I—I			
	II—II			
合格性结论				

三、简答题

用立式光学计测量塞规属于什么测量方法？绝对测量与相对测量各有何特点？

4.5.2　用内径指示表测量孔径实验

学生姓名		学　号		成　绩	
实验时间		年　月　日第　　节		组　别	
学院				实验教师	

一、实验目的

二、实验数据

量具	名称	分度值/mm	指示表测量范围/mm	测量范围/mm	不确定度/mm	不确定度允许值/mm

被测零件	名称	尺寸标注	极限尺寸/mm		验收极限尺寸/mm	
			上	下	上	下
	轴套	$\phi38H12$				
	安全裕度 A/mm					

指示表调零尺寸/mm

孔公差带图(标明验收极限)

测量部位
示意图

孔径实际偏差/mm				孔径实际尺寸/mm			
截面　　方向	a—a	b—b	c—c	截面　　方向	a—a	b—b	c—c
I—I				I—I			
II—II				II—II			
合格性结论							

4.5.3　用光切法显微镜测量表面粗糙度实验报告

学生姓名		学　号		成　绩	
实验时间		年　月　日　第　　节		组　别	
学院				实验教师	

一、实验目的

二、实验数据

仪器	名称	测量范围	物镜放大倍数	目镜千分尺分度值 C
			14×	
			7×	

被测零件	名称	微观不平度十点高度 Rz 的允许值(μm)		
	表面粗糙度样板	样板1　　10~20μm		样板2　　20~40μm

测量微观不平度十点高度 Rz

次序	目镜千分尺读数(格)		微观不平度十点高度(μm)
	五个最高点 H_{pi}	五个最低点 H_{ui}	$Rz = \dfrac{1}{5}\left(\displaystyle\sum_{i=1}^{5} H_{pi} - \sum_{i=1}^{5} H_{ui}\right) C$
1			
2			$=$
3			
4			
5			
$\displaystyle\sum_{i=1}^{5}$			合格性结论

测量单峰平均间距 S

工作台纵向千分尺读数/mm	第一个峰尖 $X_1 =$	$S = \dfrac{|X_{n+1} - X_1|}{n}$
	最后一个峰尖 $X_{n+1} =$	
取样长度内包含的单峰间距数 $n =$		$=$
单峰平均间距允许值	0.5mm　　取样长度　　2.5mm	合格性结论

4.5.4　用合像水平仪测量直线度误差实验报告

学生姓名		学　号		成　绩	
实验时间		年　月　日　第　　节		组　别	
学院				实验教师	

一、实验目的

二、实验数据

计量器具名称					分度值		桥板节距		$L=$	
测点序号 i	0	1	2	3	4	5	6	7	8	
仪器读数 α_i(格) 顺测	—									
仪器读数 α_i(格) 回测	—									
仪器读数 α_i(格) 平均	—									
相对差(格) $\Delta\alpha_i=\alpha_i-\alpha$										

误差折线图

当桥板节距为200mm
水平仪的分度值:
$X=0.002$mm
$(1000:200=0.01:X)$

直线度误差(μm):
$f=$

直线度公差等级:
6级公差值:40μm

导轨直线度
是否合格:

第5章 机械创新实验

5.1 实验目的

1）基于现有机械原理等课程的创新实验台大都为机构演示型，本创新实验要求从设计、仿真、绘制零件图、制作加工工艺到通过数控机床完成加工、制造并完成装配与调试的全过程，从而提升学生的自主创新意识及多学科融合的能力。

2）通过实验发现问题并分析、解决问题，学会如何从工程设计的角度去看待问题。

3）通过实验增强对专业知识的理解，提高工程实践动手能力。

5.2 实验要求

1）以 5~10 人为一小组，提出方案并对方案进行全面的功能分析，提出设计要求，做出多种方案，进行方案组合，在评价决策后创新设计一种机构。

2）对机构进行机构运动学仿真，对其结构设计要求进行评估决策并获得机构活动仿真模拟结果。

3）根据机构运动仿真结果，进行人机工程设计、外观造型设计、部件图设计、零件图设计。

4）制作上述零件的加工工艺卡，在数控机床上完成加工和制造，并完成机构的装配和调试。

5）最后进行答辩，要求能分析所设计机构的运动特性和应用场合，说明加工方案的选取原则等。

5.3 实验设备配置及小组成员能力组成配置要求

5.3.1 实验设备配置

1. Solid Works 三维造型设计软件

1）Solid Works 文件窗口的介绍，如图 5-1~图 5-6 所示。

2）术语介绍。

特征：在建模过程中的所有切除、凸台、基准面、草图都被称为特征。

基准面：平坦的平面，有边界的可用来创建草图平面。

拉伸：典型的拉伸就是将一个轮廓延伸一定的距离形成实体的过程。

草图：二维外形轮廓。

凸台：草图形成的实体。

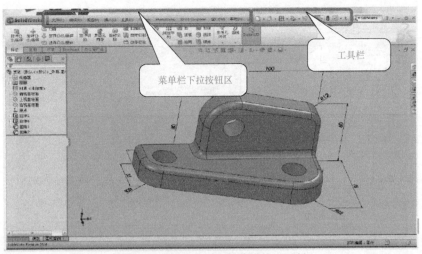

图 5-1　SolidWorks 的菜单栏与工具栏

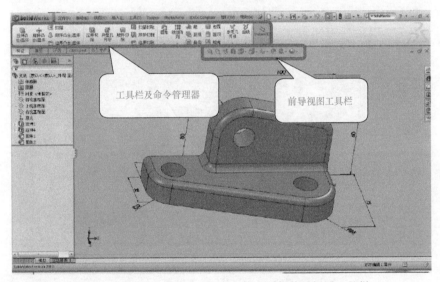

图 5-2　SolidWorks 的工具栏命令管理器与前导视图工具栏

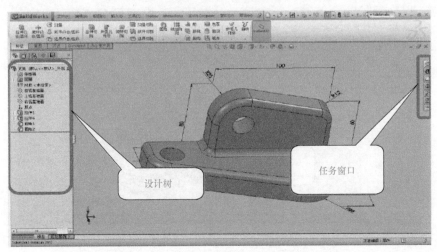

图 5-3　SolidWorks 的设计树与任务窗口

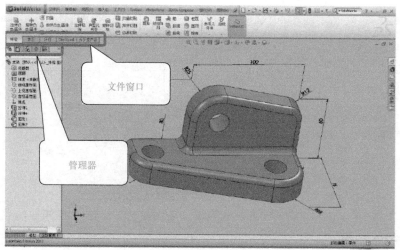

图 5-4　SolidWorks 的文件窗口与管理器

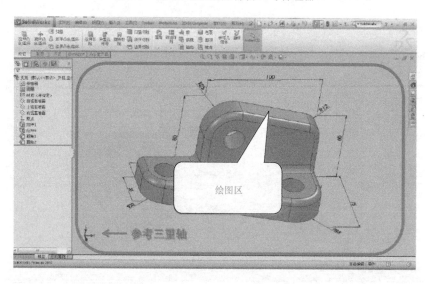

图 5-5　SolidWorks 的绘图区

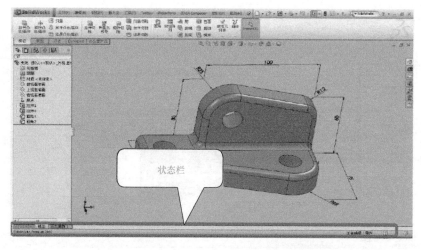

图 5-6　SolidWorks 的状态栏

切除：与凸台相反。

设计意图：特征之间的关联和创建的顺序思路。

3）SolidWorks 的基础操作。

① 文件操作。打开文件、保存文件（通过"另存为"可输出多种格式）。

② SolidWorks 启动界面与功能。启动 SolidWorks，新建文件夹。Solid-Works 的启动界面如图 5-7 所示。

③ SolidWorks 的常用工具命令。SolidWorks 的标准工具如图 5-8 所示。SolidWorks 的特征工具如图 5-9 所示。SolidWorks 的草图工具如图 5-10 所示。SolidWorks 的视图工具如图 5-11

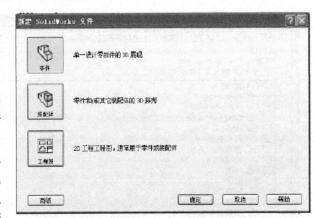

图 5-7 SolidWorks 的启动界面

所示。SolidWorks 的装配体工具栏如图 5-12 所示。SolidWorks 的工程图工具栏如图 5-13 所示。

图 5-8 SolidWorks 的标准工具

图 5-9 SolidWorks 的特征工具

图 5-10 SolidWorks 的草图工具

图 5-11 SolidWorks 的视图工具

图 5-12 SolidWorks 的装配体工具栏

图 5-13 SolidWorks 的工程图工具栏

4）SolidWorks 的基础设置。

① SolidWorks 的工具栏的设置如图 5-14 所示。

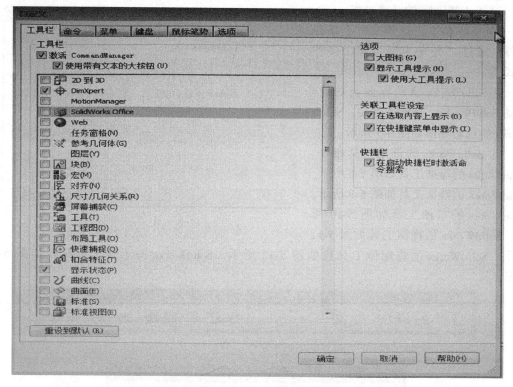

图 5-14　SolidWorks 的工具栏的设置

② SolidWorks 的自定义命令中的按钮如图 5-15 所示。

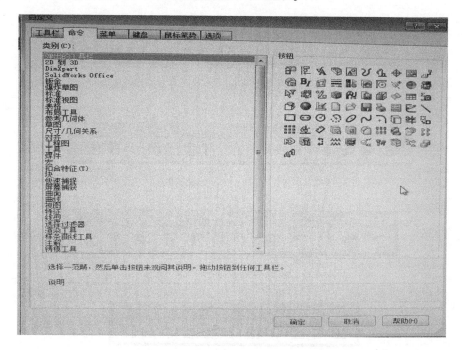

图 5-15　SolidWorks 的自定义命令中的按钮

③ SolidWorks 的自定义鼠标笔势如图 5-16 所示。

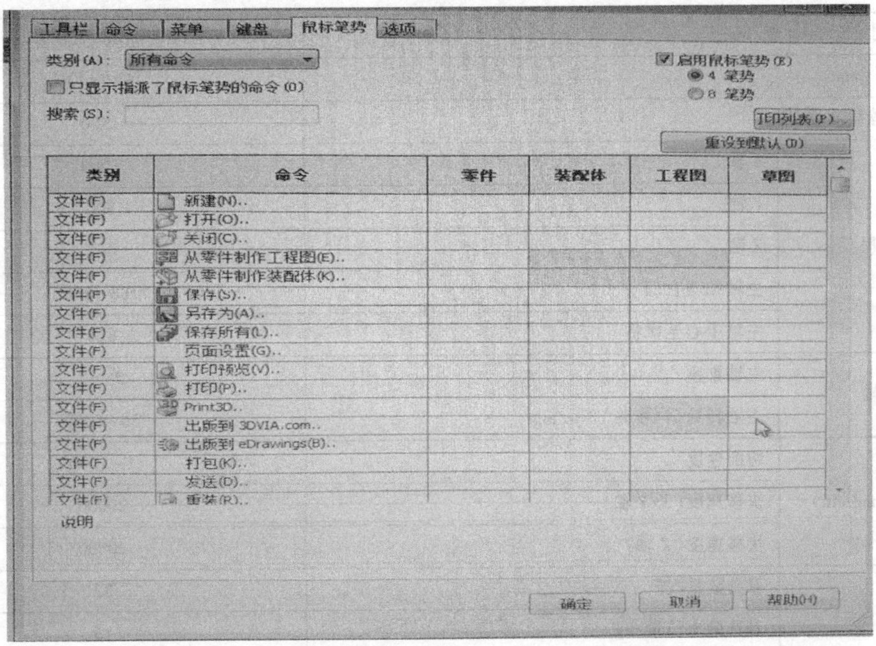

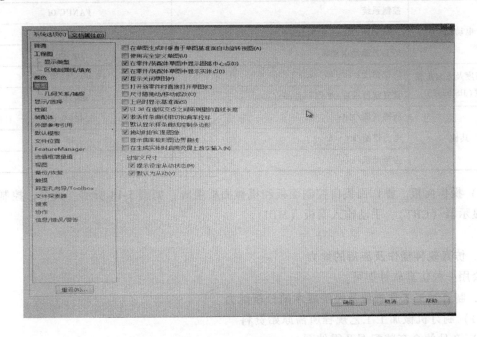

图 5-16 SolidWorks 的自定义鼠标笔势

④ SolidWorks 的系统选项的草图设置如图 5-17 所示

图 5-17 SolidWorks 的系统选项的草图设置

2. VMC-1600 立式加工中心

1) VMC-1600 立式加工中心的主要技术参数见表 5-1。

表 5-1　VMC-1600 立式加工中心的主要技术参数

项　　目		规　　格
工作台尺寸(长/mm×宽/mm)		1700×750
T 形槽尺寸/mm		18×5×130
工作台推荐载质量/kg		1500
行程	X 轴	1600
	Y 轴	800
	Z 轴	660
	主轴端至台面	188~848
	主轴中心至机柱	820
主轴	主轴锥度	50 号
	主轴转速(同步带)/(r/min)	50~8000
速度/(mm/min)	切削速度	1~7000
	快移速度(X/Y 轴)	20000
	快移速度(Z 轴)	20000
换刀(斗笠式 S 型)	刀具数量/件	32
	刀具最大质量/kg	15
	刀具最大尺寸(D×L)/mm	125×300
	刀柄	BT-50
	拉把螺栓	MAS-P50T-1
电动机	控制系统	FANUC 0i
	主轴功率(30min 定额)/kW	21
	X/Y/Z 驱动电动机	HA100
定位精度及重复定位精度(JIS 6338)	定位精度(半闭环)/mm	±0.005/任意 300
	重复定位精度(半闭环)/mm	±0.0015
其他	所需气压/MPa	0.44~0.64
	电力供给/kV·A	45
	占地面积/m²	17.75

2）操作面板。操作面板由控制面板和机械面板组成，如图 5-18 所示。其中，控制面板包括显示器（CRT）、手动输入面板（MDI）。

5.3.2　小组成员应具备的能力

1. 仿真软件操作及应用的能力

会用一种仿真软件即可。

2. 制订加工工艺规程及经济成本的分析能力

（1）制订机械加工工艺规程所需原始资料

1）产品的全套装配图及零件图。

2）产品的验收质量标准。

3）产品的生产纲领及生产类型。

4）零件毛坯图及毛坯生产情况。

显示器　　　　　　　　手动输入面板

机械面板

图 5-18　操作面板

5）所在单位的生产条件。

6）各种有关手册、标准等技术资料。

7）国内外先进工艺及生产技术的发展与应用情况。

（2）机械加工工艺规程设计步骤和内容

1）阅读装配图和零件图。了解产品的用途、性能和工作条件，熟悉零件在产品中的地位和作用，明确零件的主要技术要求。

2）工艺审查。审查图样上的尺寸、视图和技术要求是否完整、正确、统一，分析主要技术要求是否合理、适当，审查零件结构的工艺性。

（3）熟悉或确定毛坯　确定毛坯的依据是零件在产品中的作用、零件本身的结构特征与外形尺寸、零件材料工艺特性以及零件生产批量等。常用的毛坯种类有铸件、锻件、焊接件、冲压件、型材等，其特点及应用见表 5-2。

表 5-2　常用的毛坯特点及应用

毛坯种类	制造精度（IT）	加工余量	材料	工件尺寸	工件形状	力学性能	适用生产类型
型材	—	大	各种材料	小型	简单	较好	各种类型
型材焊接件	—	一般	钢材	大、中型	较复杂	内应力	单件
砂型铸造	13 以下	大	铸铁、铸钢、青铜	各种尺寸	复杂	差	单件小批量
自由锻造	13 以下	大	钢材为主	各种尺寸	较简单	好	单件小批量

（续）

毛坯种类	制造精度（IT）	加工余量	材料	工件尺寸	工件形状	力学性能	适用生产类型
普通模锻	11～15	一般	钢、锻铝、铜等	中、小型	一般	好	中、大批量
钢模铸造	10～12	较小	铸铝为主	中、小型	较复杂	较好	中、大批量
精密锻造	8～11	较小	钢材、锻铝等	小型	较复杂	较好	大批量
压力铸造	8～11	小	铸铁、铸钢、青铜	中、小型	复杂	较好	中、大批量
熔模铸造	7～10	很小	铸铁、铸钢、青铜	小型为主	复杂	较好	中、大批量
冲压件	8～10	小	钢	各种尺寸	复杂	好	大批量
粉末冶金件	7～9	很小	铁、铜、铝基材料	中、小型	较复杂	一般	中、大批量
工程塑料件	9～11	较小	工程塑料	中、小型	复杂	一般	中、大批量

（4）拟订机械加工工艺路线　其主要内容有：选择定位基准、确定加工方法、安排加工顺序，以及安排热处理、检验和其他工序等。

（5）确定满足各工序要求的工艺装备　包括机床、夹具、刀具、量具、辅具等。

工艺装备的选择在满足零件加工工艺的需要和可靠地保证零件加工质量的前提下，应与生产批量和生产节拍相适应，并应充分利用现有条件，以降低生产准备费用。

对必须改装或重新设计的专用或成组工艺装备，应在进行经济性分析和论证的基础上提出设计任务书。

（6）确定各主要工序技术要求和检验方法

（7）确定各工序加工余量，计算工序尺寸和公差

（8）确定切削用量

（9）确定时间定额

（10）编制数控加工程序

（11）评价工艺路线　对所制订的工艺方案进行技术经济分析，并对多种工艺方案进行比较，或采用优化方法，以确定出最优工艺方案。

（12）填写工艺文件　表5-3为机械加工工艺过程卡片，表5-4为工艺成本分析方案。

3. CAD 绘图能力

4. 数控编程加工零部件的能力

5.4　实验内容

5.4.1　机械创新设计大赛题目

设计主题不固定，也可选择历届全国大学生机械创新设计大赛的命题与要求来进行本小组的机构设计。现把第二届以来全国大学生机械创新设计大赛的命题与要求摘录如下：

1）第二届的主题为"健康与爱心"。内容限定为助残机械、康复机械、健身机械、运动训练机械四类机械产品的创新设计与制作。

2）第三届的主题为"绿色与环境"。内容限定为环保机械、环卫机械、厨卫机械三类机械产品的创新设计与制作。

3）第四届的主题为"珍爱生命，奉献社会"。内容限定为在突发灾难中，用于救援、破

表 5-3 机械加工工艺过程卡片

机械加工工艺过程卡片	产品型号		零件图号		共页	第页
	产品名称		零件名称			

材料牌号		毛坯种类		毛坯外型尺寸		每毛坯可制件数		每台件数		备注	

工序号	工序名称	工作内容	车间	工段	设备	工艺装备	工时	
							准终	单件

			设计（日期）	审核（日期）	标准化（日期）	会签（日期）
描图						
描校						
底图号						
装订号						
标记	处数	更改文件号	签字	日期	标记	处数	更改文件号	签字	日期

表 5-4　工艺成本分析方案

					工艺成本分析方案	共页	第页	编号	
						产品名称		生产纲领	

1. 材料成本分析

编号	材料	毛坯种类	毛坯尺寸	毛坯件数	每台件数	备注	编号	材料	毛坯种类	毛坯尺寸	毛坯件数	每台件数	备注

2. 人工费和制造费分析

序号	零件名称	工艺内容	工时			工艺成本分析
			机动时间	辅助时间	终准时间	
			金属模铸造、热处理外协加工			

障、逃生、避难的机械产品的创新设计与制作。

4）第五届的主题为"幸福生活——今天和明天"。内容限定为休闲娱乐机械和家庭用机械的创新设计和制作。

5）第六届的主题为"幻·梦课堂"。内容限定为教师用设备和教具的设计与制作。

6）第七届的主题为"服务社会——高效、便利、个性化"。内容限定为钱币的分类、清点、整理机械装置，不同材质、形状和尺寸商品的包装机械装置，商品载运及助力机械装置的创新设计与制作。

7）第八届的主题为"关注民生、美好家园"。内容限定为：①解决城市小区中家庭用车停车难问题的小型停车机械装置的设计与制作；②辅助人工采摘（包括苹果、柑橘、草莓等 10 种水果）的小型机械装置或工具的设计与制作。

5.4.2　实验过程中要记录的相关知识点

1）机构创新设计的思路。

2）机构运动学分析。

3）零件的加工工艺规程制作分析。

5.5　思考题

1）机械产品研发的流程有哪几步？

2）常用机构的特点及应用有哪些？

3）如何进行电动机的选型？

参 考 文 献

［1］ 孙桓，陈作模，葛文杰. 机械原理［M］. 8版. 北京：高等教育出版社，2013.

［2］ 宋立权，等. 机械基础实验［M］. 北京：机械工业出版社，2005.

［3］ 张继平，等. 机械基础实验教程［M］. 北京：国防工业出版社，2014.

［4］ 卢志珍，闻维建，等. 互换性与技术测量实验指导［M］. 成都：电子科技大学出版社，2008.

［5］ 卢桂萍，李平，等. 互换性与技术测量实验指导书［M］. 武汉：华中科技大学出版社，2012.

［6］ 王霜，等. 设计方法学与创新设计［M］. 成都：西南交通大学出版社，2014.

［7］ 于慧力，冯新敏，等. 机械创新设计与实例［M］. 北京：机械工业出版社，2018.

［8］ 贾瑞清，刘欢. 机械创新设计案例与评论［M］. 北京：清华大学出版社，2016.

［9］ 曹岩，等. 现代设计方法［M］. 西安：西安电子科技大学出版社，2010.

［10］ 奚鹰，等. 机械基础实验教程［M］. 2版. 武汉：武汉理工大学出版社，2018.

［11］ 刘莹，等. 机械基础实验教程［M］. 北京：北京理工大学出版社，2007.

［12］ 陆天炜，吴鹿鸣，等. 机械设计实验教程［M］. 成都：西南交通大学出版社，2007.